Énergie
Entropie
Pensée

ESSAI DE PSYCHOPHYSIQUE GÉNÉRALE

BASÉE SUR LA THERMODYNAMIQUE

AVEC UN

Aperçu sur les variations de l'entropie dans quelques situations mentales

PAR

Le Dr Marius AMELINE

LICENCIÉ ÈS SCIENCES PHYSIQUES
ANCIEN EXTERNE DES HOPITAUX DE PARIS
INTERNE DES ASILES DE LA SEINE

PARIS

GEORGES CARRÉ ET C. NAUD, ÉDITEURS

3, RUE RACINE, 3

1898

Énergie
Entropie
Pensée

ESSAI DE PSYCHOPHYSIQUE GÉNÉRALE
BASÉE SUR LA THERMODYNAMIQUE

AVEC UN

Aperçu sur les variations de l'entropie dans quelques situations mentales

PAR

Le Dʳ Marius AMELINE

LICENCIÉ ÈS SCIENCES PHYSIQUES
ANCIEN EXTERNE DES HOPITAUX DE PARIS
INTERNE DES ASILES DE LA SEINE

PARIS

GEORGES CARRÉ ET C. NAUD, ÉDITEURS

3, RUE RACINE, 3

—

1898

A MES PARENTS

TABLE DES MATIÈRES

AVANT-PROPOS. 9
Première définition de l'Entropie. 13

PREMIÈRE PARTIE

CHAPITRE PREMIER

Introduction et notions préliminaires : Évolution des idées générales par thèse, antithèse et synthèse (Hegel). Exemples : Les poisons bactériens. La paralysie de Landry. La toxicité des alcools.

Le temps et l'espace. — Le signe local et le signe temporel. — Homogénéité de l'espace. — Évolution du temps.

La science trouve des invariants excluant des possibilités et procède par approximations successives. Les invariants masse et force, leur combinaison avec la vitesse. — La force vive et le travail. — Fusion de ces deux notions en une seule, l'énergie (Rankine).

L'équilibre. — La stabilité. — Principe de Maupertuis. 15

CHAPITRE II

Exposé succint des principes de thermodynamique : Notions préliminaires sur la chaleur et le calorique. — Principe de Black. — Température. — Quantité de chaleur. — Le calorique ne varie qu'avec l'état initial et l'état final (Conservation du calorique).

Transformation du travail en chaleur. — Relation entre ce travail et la quantité de chaleur. — Principe de Joule-Mayer. — Conservation de l'énergie interne. — L'énergie interne ne varie qu'avec l'état initial et final. — Incompatibilité avec l'impossibilité du mouvement perpétuel. Exemple emprunté à la chimie.

Transformation de la chaleur en travail. — Relation entre le travail et la température. — Rendement maximum. — Principe de Carnot. — Réversibilité. — Température absolue. — L'entropie. — Elle n'est nulle que pour les transformations réversibles. — En pratique elle ne peut qu'augmenter (Clausius).   31

DEUXIÈME PARTIE

L'énergétique et les formes de la sensibilité: Le principe de la conservation de l'énergie. — Le principe de la conservation de la masse. — Inutilité de dualisme force et matière. — Le monisme. — Le principe de la conservation de l'espace. — L'énergie, la masse, l'étendue peuvent se ramener à une seule notion.

Le principe de la dissipation de l'énergie. — L'entropie et le temps sont des grandeurs polaires. — On peut les ramener à une seule notion. — Le facteur thermique de l'évolution (Mouret).

Théories atomomécaniques et théories énergétiques (Descartes, Newton, Boscowitch, Faraday). — L'irréversibilité des phénomènes. — L'évolution.   46

TROISIÈME PARTIE

Chapitre premier

Le système musculaire et l'énergétique : Plan de la 3ᵉ partie. — Introduction : la thermodynamique du muscle. — La chaleur et le mouvement proviennent de variations chimiques (Liebig). — Mayer appliquant à tort le principe de l'équivalence crut que le travail est produit aux dépens de la chaleur. — Expériences de Béclard, Chauveau, Laborde. — La chaleur étant un terme dans les transformations de l'énergie (Carnot), il faut rejeter la théorie du muscle-machine-thermique. — Ce qui n'entraîne pas que l'origine de la force chez les êtres vivants est extraphysique. Au contraire, les conséquences de l'énergétique se vérifient rigoureusement. — La conception électro-capillaire du muscle.   66

Chapitre II

Analogie du système musculaire et du système nerveux. — Analogie d'origine. — Analogie physiologique : la contractilité. — La fibre musculaire et le neurone. — Autres exemples montrant l'analogie physiologique du muscle et du nerf.

Analogie physique. — La théorie électro-capillaire du nerf. — Lippmann, d'Arsonval, de Bœck. — L'énergétique paraît déjà pouvoir s'appliquer légitimement au fonctionnement du neurone.   75

Chapitre III

L'énergétique et le système nerveux : L'excrétion de l'énergie calorifique par le cerveau (Lombard, Schiff). — Objection de M. A. Gautier. — Réponse des physiologistes italiens (Herzen, Tanzi, Mosso, etc.). — Remarque de MM. Richet et Laborde. — Il y a excrétion de chaleur comme de produits chimiques.

Objection particulière de Pouchet. — Sa réfutation.   87

Chapitre IV

L'énergétique du système nerveux (suite) : La durée des actes psychiques prouve la transformation de l'énergie cosmique en énergie électro-capillaire dans le neurone.

La loi de Weber-Fechner. — Les faits et les interprétations. — La véritable signification. — Les sensations augmentent successivement l'entropie des neurones, leur stabilité ou leur inertie progressive.

Durée et entropie dans les phénomènes psychiques. — Vérification nouvelle de l'analogie de ces deux notions.   95

QUATRIÈME PARTIE

Conception thermodynamique de quelques situations mentales Premières tentatives dont le principe de l'équivalence a seul été l'objet. — Réversibilité et renversabilité des phénomènes mentaux. — Hallucinations et mémoire.

Définition de la dégénérescence. — La dissolution de l'hérédité et la constitution d'un type anormal. — Conception énergétiste du dégénéré : l'arrêt total ou partiel dans l'accroissement de l'entropie.

Psycho-physique des principaux délires des dégénérés. — Variation plus ou moins voisine de zéro dans l'accroissement d'entropie, soit dans l'évolution de l'individu (confusions, hallucinations), soit dans l'évolution de l'espèce (fausses interprétations). — L'anxiété, la dépression, l'excitation, etc., ne sont que des troubles affectifs secondaires.

L'homme de génie semble rompre l'hérédité, mais il reste normal, continuant d'augmenter l'entropie dans l'espèce. Là est la différence avec le dégénéré qui est caractérisé par un arrêt de l'augmentation de l'entropie de son espèce. — L'évolution générale des idées par thèse, antithèse, synthèse crée une difficulté apparente dans le diagnostic. 107

Résumé et Conclusions. 124

Bibliographie. 129

AVANT-PROPOS

Ayant eu, dès l'année 1895, la bonne fortune de pouvoir assister aux si savantes leçons cliniques de M. le Pr Joffroy, et de nous initier ainsi à l'étude si passionnante des maladies mentales, ce serait pour nous une véritable joie, s'il nous permettait de lui témoigner la profonde reconnaissance que nous lui devons pour cela, en voulant bien accepter la dédicace de ce modeste travail.

Ce fut dans la fréquentation d'abord du service de M. le Pr Joffroy, ensuite de ceux de MM. Magnan et Bouchereau que nous apprîmes à reconnaître toute l'importance des modalités si variées de la folie des héréditaires dégénérés et que nous vint l'idée d'y appliquer les principes fondamentaux de l'énergétique.

Depuis Mayow, Lavoisier, Liebig, c'est une chose qui ne saurait choquer l'esprit de personne que l'immixtion des principes fournis par l'étude de la physique dans la partie de la biologie qui traite de la physiologie de la nutrition.

Mais il n'en est pas de même pour la physiologie des fonctions de relation : le muscle, depuis Mayer, Béclard, a fait dans ce sens des progrès que n'est pas parvenue à faire la physiologie du système nerveux. Et même, pour ne citer qu'un exemple dont l'autorité déroute, ne voit-on pas M. le Pr GAUTIER s'élever à plusieurs reprises contre les tentatives qui ont pour but d'assimiler la pensée à une forme de l'énergie ?

Nous pensons cependant que l'énergétique doit avoir des applications non seulement dans la physiologie, dans les recherches de laboratoire, mais aussi qu'elle doit guider les cliniciens dans l'étude de la nosographie proprement dite. Ainsi le Pr LEDUC, de Nantes, a publié quelques indications sur le rendement dans la fièvre typhoïde, les paralysies cérébrales, le diabète, les intoxications, etc.

En effet, ce n'est pas seulement le principe de l'équivalence qui peut avoir des conséquences fécondes, mais aussi le principe de CARNOT; malgré sa signification encore pleine d'inconnues, il changera la face des sciences biologiques, après avoir bouleversé les sciences physiques.

Le motif qui nous a amené à écrire ce travail est bien simple : nous avons débuté dans nos études médicales, subissant encore la forte impression du vigoureux enseignement que nos maîtres de la Sorbonne, et en particulier MM. les P^{rs} BOUTY et LIPPMANN, venaient de nous donner.

Et devant le changement radical des méthodes, passant sans transition du domaine de l'expérimentation dans celui de l'observation, il n'y avait que des principes tout à fait généraux qui pouvaient nous aider à surmonter le désarroi dans lequel nous nous étions momentanément trouvé.

Un des défauts des sciences d'observation est, en effet, de trop souvent forcer l'observateur à classer les faits d'après des analogies ou des coïncidences fortuites.

On est trop exposé à raisonner d'après le « post hoc, ergo propter hoc » : cela est inhérent à la méthode et ne dépend en aucune façon de l'observateur.

Aussi dans le choix des nombreux résultats qui nous étaient offerts avons-nous dû nous servir de nos connaissances antérieurement acquises.

Si l'on joint à cela, que dans l'acquisition de ces connaissances, c'est par l'étude de la thermo-dynamique que nous avons débuté, l'on ne s'étonnera point que nous en ayons conservé une si vive impression, que nous avons cherché plus tard à trouver des rapports entre les principes de l'énergétique et les processus normaux et pathologiques dont le système nerveux est le siège.

Avant d'entreprendre l'étude de ces rapports nous n'oublierons pas que nous avons été l'élève de M. le Dr Lancereaux. Nous nous souviendrons toujours d'avoir, pendant l'année passée dans son service, reçu son enseignement si clair, si fécond, si pénétré des méthodes véritablement scientifiques. Qu'il veuille bien nous permettre de lui exprimer ici toute notre durable, profonde et dévouée reconnaissance.

Nous remercions bien vivement M. Reynier d'avoir bien voulu nous admettre comme externe dans son service de chirurgie à Lariboisière : nous lui sommes profondément reconnaissant des conseils qu'il nous a prodigués et de la bonté qu'il a montrée à notre égard pendant le temps trop court passé auprès de lui.

Que MM. Descroizilles et Jalaguier, dont nous regrettons d'avoir été si peu de temps l'externe, veuillent bien accepter nos bien sincères remerciements pour nous avoir guidé avec autant de bienveillance qu'ils l'ont fait dans l'étude de la pathologie infantile.

Dans les asiles de la Seine, nous avons à cœur de témoigner notre bien vive gratitude à M. le Dr BOUCHEREAU pour l'affectueux intérêt qu'il n'a cessé de montrer à notre égard depuis l'année passée dans son service de Sainte-Anne.

Nous conserverons toujours aussi un excellent souvenir de notre internat dans les services de MM. les Drs BLIN et BOUDRIE, médecins en chef de l'asile de Vaucluse ; qu'ils veulent bien accepter nos remerciements pour la bienveillance qu'ils nous ont témoignée à plusieurs reprises.

Enfin, nous n'oublierons pas l'extrême obligeance avec laquelle M. le Dr DAGONET ne nous a pas ménagé ses conseils, nous lui en devons de bien sincères remerciements.

Que M. le Pr JOFFROY veuille bien, pour l'honneur qu'il nous a fait d'accepter la présidence de notre thèse, agréer de nouveau l'hommage de notre vive reconnaissance.

PREMIÈRE DÉFINITION DE L'ENTROPIE

Le mot Entropie signifie tendance à la stabilité. Il indique un mouvement, une évolution. Ce n'est pas stabilité, un état stable étant immobile. Ce n'est pas instabilité non plus, car un état instable est immobile aussi.

Entropie veut dire passage d'un état de stabilité quelconque à un état plus stable encore.

Accroître l'entropie d'un système, c'est accroître la stabilité qu'il possède déjà.

On sait que les phénomènes variés dont nous avons conscience peuvent en dernière analyse toujours se réduire à des transformations de l'énergie. Une forme de l'énergie devient une autre forme de l'énergie.

Or, toutes les sortes d'énergie : électricité, affinité chimique, chaleur, travail mécanique, lumière, attraction newtonienne, ne sont pas également aptes à se modifier, c'est-à-dire que certaines sont plus stables les unes que les autres, ce qui fait qu'il y a une certaine hiérarchie à ce point de vue dans les variétés de l'énergie.

La variété la plus stable, celle qu'il est le plus difficile de transformer, celle qui apparaît avec le caractère définitif le plus accusé parmi celles que nous connaissons est la forme chaleur.

Donc transformer les formes de l'énergie graduellement en chaleur, c'est accroître graduellement leur entropie. Quand un système a son maximum d'entropie, toutes ses énergies sont à l'état de chaleur.

Chaleur et entropie apparaissent donc finalement comme synonymes et quand un système aura dégagé de la chaleur on sera en droit de dire qu'il a acquis de l'entropie.

L'entropie, a-t-on dit pour bien spécifier ces caractères, est le facteur thermique de l'évolution.

Ainsi sont en effet indiquées à la fois et la tendance et la finalité de cette tendance à se transformer.

Il y a de plus lieu de faire une remarque très intéressante, car en somme, constater une tendance dans les phénomènes physiques et essentiellement inorganiques, n'est-ce pas y constater le caractère en apparence exclusif des êtres vivants, c'est-à-dire une tendance au développement, la promesse d'un état futur et certain, l'annonce d'un perfectionnement à venir ? Et alors introduire comme nous le faisons l'énergétique dans l'étude des phénomènes psychiques, ce n'est plus matérialiser les phénomènes vitaux, c'est au contraire trouver une vie dans les manifestations de la matière prétendue inanimée.

Dans les deux cas il existe un perfectionnement et un progrès possibles, perfectionnement et progrès qui consistent à acquérir le maximum d'entropie, à posséder le maximum de stabilité, à dégager le maximum d'énergie calorifique.

Du reste, la notion d'entropie mérite d'être étudiée avec précision, aussi la première partie de ce travail sera-t-elle consacrée à un exposé des nouvelles idées qui constituent la science de l'énergie.

PREMIÈRE PARTIE

CHAPITRE PREMIER

INTRODUCTION ET NOTIONS PRÉLIMINAIRES

SOMMAIRE. — Évolution des idées générales par thèse, antithèse et synthèse
(Hegel). Exemples : les poisons bactériens, la paralysie de Landry, la toxicité des alcools.

Le temps et l'espace, le signe local et le signe temporel. — Homogénéité de l'espace. — Évolution du temps.

La science trouve des invariants excluant des possibilités et procède
par approximations successives. — Les invariants masse et force, leurs
combinaisons avec la vitesse. — La force vive et le travail. Fusion de ces
deux notions en une seule, l'énergie (Rankine).

L'équilibre, la stabilité, le principe de Maupertuis.

Nous ferons précéder cet exposé de quelques mots sur
l'évolution des notions générales qui ont servi de base aux
grandes théories de la physique.

Un trait général de cette évolution est qu'elle s'est faite
par approximations successives, ce qui veut dire que c'est
en modifiant peu à peu les notions générales antérieurement acquises que l'on a obtenu les notions actuelles. Cependant le mécanisme suivant lequel ces modifications se
sont faites n'est pas si simple qu'il paraît au premier
abord.

En effet, soit à un moment donné une somme de connaissances que nous représenterons par exemple par O A, qui pourra nous servir de signe, de résumé, comme une notion générale résultant de ces connaissances.

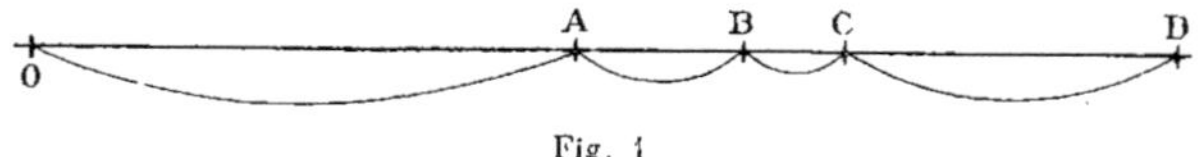

Fig. 1

Les modifications à apporter à O A, ne consisteront pas seulement à ajouter à O A, les résumés A B, B C, C D... des connaissances successivement acquises, A B, B C, C D étant quelconques et sans aucune relation entre eux.

Cette relation c'est d'abord que les modifications vont de moins en moins modifier la somme acquise antérieurement à la modification donnée, c'est-à-dire que : on a B C $<$ A B et C D $<$ B C, etc.. c'est-à-dire qu'au lieu de la figure (1) on aura la figure (2).

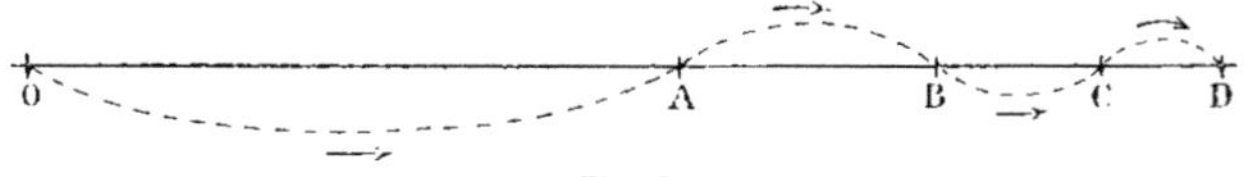

Fig. 2

Ce qui s'exprime en disant que la somme définitive tend vers une limite, comme on dit en mathématiques.

Remarquons toutefois que la condition de la décroissance de l'importance des modifications ne suffit pas à nous assurer de la tendance vers une limite.

En effet, observons, comme l'a remarquablement exprimé HEGEL, que la connaissance procède par thèse, antithèse et synthèse, ce qui veut dire que les modifications ne sont pas toujours de même sens, c'est-à-dire qu'elles ne s'ajoutent pas successivement les unes aux autres, mais

qu'au contraire elles s'ajoutent et se retranchent alternativement. Une première somme de connaissances étant

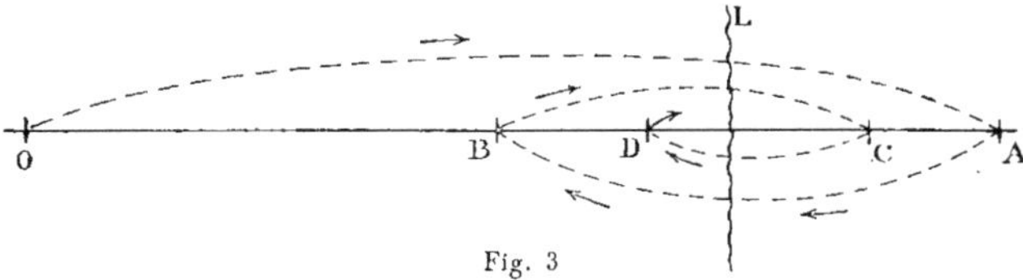

Fig. 3

donnée, la modification à lui apporter par suite d'une nouvelle acquisition va aller à l'encontre du premier résultat
et la modification suivante sera contraire à la modifiation
immédiatement précédente, mais d'accord
avec l'avant-dernière, etc. De plus elle
sera intermédiaire entre elles, c'est-à-dire
que les progrès seront alternativement
positifs et négatifs et qu'il y aura une con-
tinuelle oscillation autour d'une limite
dont on s'approchera autant qu'on voudra
sans l'atteindre. sans qu'il puisse y avoir
de banqueroute ou de déroute possible
d'une conception scientifique. C'est ce que
représente la figure (3) ou bien encore la
figure (4) dans laquelle les distances à la
limite L. Oo. Aa. Bb. Cc. Dd. décroissent
graduellement.

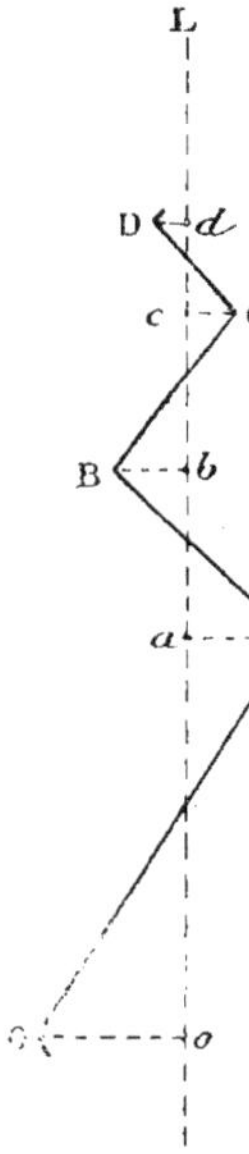

Pour employer un terme emprunté
aux mathématiques nous dirons qu l'évco-
lution des théories peut être représentée
par une série convergente (ayant une
limite) et à termes alternativement positifs et négatifs.

Fig. 4.

Nous nous réservons de montrer que cette limite existe réellement et qu'elle est d'accord avec les dernières notions acquises récemment. Cependant, d'ores et déjà, n'oubliant pas que nous faisons de la médecine, nous donnerons quelques exemples de ce développement scientifique par thèse, antithèse, synthèse, empruntant ces exemples aux choses médicales.

L'histoire des recherches sur l'origine des poisons bactériens nous montre clairement cette oscillation des opinions des différents auteurs. Au début, d'après les recherches de SEYBERT, GASPARD, STICH qui établissent les symptômes et les lésions de la septicémie expérimentale : de PANUM, BERGMANN, SCHMIEDEBERG, qui déterminent que ces lésions sont dues à un poison chimique, à un alcaloïde pour HILLER et ses partisans, l'intoxication dominait l'in fection ; les poisons formés au sein des tissus en décomposition étaient tout et les microbes n'étaient rien dans la maladie.

Plus tard, l'importance de ces deux facteurs fut intervertie : l'intoxication fut un phénomène banal ne méritant aucunement une attention toute spéciale : toute la maladie était produite par l'envahissement progressif de l'animal vivant par le microbe. Cette victoire de la doctrine vitaliste sur la doctrine chimique (celle des contagionistes DAVAINE, PASTEUR, COHN, etc.) ne fut que momentanée car ainsi que l'avait dit PANUM : « dans les maladies peuvent jouer un rôle considérable, suivant les cas, et le poison chimique et le microbe pathogène et la production du poison par le microbe. »

En effet, à présent, l'intoxication a reconquis ses droits. L'infection est considérée comme une intoxication, mais c'est une intoxication spéciale par le poison spécifique d'une bactérie pathogène. C'est surtout l'étude des trois maladies : diphtérie, choléra et tétanos, qui ont servi à étayer cette opinion, et qui venaient se joindre dès 1872 aux découvertes du Pr A. GAUTIER et de SELMI concernant les ptomaïnes (alcaloïdes bactériens) et les leucomaïnes formées dans les décompositions effectuées à l'abri de l'oxygène (alcaloïdes physiologiques).

Nous trouvons un deuxième exemple simple qui montre bien encore ce mode d'évolution dans la nature des idées que l'on peut se faire de la maladie dite de LANDRY.

Comme l'a montré M. le Pr RAYMOND, on tenta d'abord de la rattacher uniquement à des troubles myélitiques, mais comme les polynévrites finirent par attirer beaucoup l'attention, ce fut aux polynévrites aiguës que l'on rattacha cette maladie.

Enfin, M. RAYMOND a montré que l'on doit considérer deux formes dans cette affection et que l'on doit les réunir comme affection du neurone périphérique émané de la moelle, en résumé c'est une polioneurite antérieure d'origine toxique ou infectieuse.

Ainsi d'abord stade central, puis stade périphérique et enfin conciliation à l'aide de la théorie du neurone.

Du reste, d'une façon générale dans les méthodes de recherches on peut voir que si au début l'observation pure, en médecine la clinique, a été la seule méthode employée, plus tard c'est la science de laboratoire qui tenta d'avoir seule le monopole de la vérité. Ainsi l'étude de l'alcoolisme et surtout de la toxicité des alcools fut au début surtout clinique, se basant seulement sur le rapprochement des symptômes observés et du résultat de l'interrogatoire du malade. Ensuite on chercha dans l'analyse des liquides ingérés les substances toxiques et l'on incrimina naturellement les plus toxiques impuretés : aldéhydes, furfurol, etc.

Ce ne fut qu'en comparant exactement les effets de chacune des substances incriminées sur des animaux, que M. le Pr Joffroy a pu, en combinant les deux méthodes de façon à réaliser réellement les conditions les plus rationnelles, montrer que c'était vraiment l'alcool qui devait être incriminé.

La théorie des hallucinations a subi des fluctuations analogues: purement sensorielle avec Esquirol tout d'abord, elle devient au contraire psychique pure avec Falret pour être finalement psycho-sensorielle avec Baillarger et les auteurs suivants.

Nous nous bornerons à ces exemples, l'observation journalière en étant remplie et, du reste, l'historique, qui va suivre, des doctrines sur le mécanisme des phénomènes du monde va nous montrer encore exacte l'idée que nous venons de développer : que la science procède par approximations successives.

*
* *

Nous allons donc exposer maintenant, avec quelques détails, quoique à grands traits, les notions générales dont nous venons d'indiquer les principes d'évolution et de trans-formation.

Nous ferons tout d'abord observer qu'il est bien difficile d'expliquer rigoureusement les conditions des notions d'espace, de temps, de masse, de force, et qui ont servi pendant longtemps de base aux recherches scientifiques.

En effet ces notions commencent à être devenues tellement imparfaites qu'elles sont remplacées par d'autres plus adéquates à l'idée actuelle de la science moderne, et c'est justement, parce que leur défaut de précision est devenu intolérable depuis quelque temps, que maintenant on en a admis de nouvelles. Néanmoins nous allons donner quelques indications aussi claires que possible sur la genèse des notions anciennement employées pour représenter les seuls phénomènes alors connus.

La science consiste dans la mise en ordre de nos sensations, or la caractéristique première d'une sensation est ce qu'on a appelé son signe local (Lotze), résultat spécifique de l'organe qui en est le point de départ : œil, oreille, peau, muscle, etc.

Ce terme de signe local doit, selon nous. être compris ainsi : toute sensation contribue à former en nous la notion d'espace, cette notion ne devant pas être regardée comme ayant son origine exclusive dans l'exercice de la vision ou du toucher. ou de l'un de ces deux sens combinés avec le sens musculaire comme divers psychologues l'ont soutenu : toute sensation au contraire contient un élément spatial. Inversement l'espace peut être employé comme un moyen de classification des sensations.

Il est un autre élément contenu aussi dans toute sensation, c'est la notion de durée : cette notion paraît assez intimement liée à la précédente soit parce qu'on la rattache au sens musculaire et qu'alors une contraction musculaire accompagnant toujours les sensations (Wundt, Féré, etc.), soit que plus philosophiquement on se base sur ce que la notion de durée a son origine dans la variation des signes locaux. C'est donc parce que les signes locaux ne restent pas tous de même nature (qu'il y a changement) que nous possédons la notion de temps, ce qui s'est exprimé encore : le temps est la conciliation de l'être et du non être. On voit donc intervenir encore comme absolument nécessaire la durée comme moyen de mettre en ordre les sensations.

Mais malgré toutes les tentatives d'explication proposées ces notions manquent de netteté. Car qu'est-ce que le signe local à proprement parler ? C'est ce qui nous paraît bien obscur et que nous essaierons de préciser dans la suite de ce travail.

Deux sciences s'occupent spécialement des notions précédentes : la géométrie étudie spécialement les propriétés de l'espace et la cinématique, plus complexe, combine le temps et l'espace en étudiant les propriétés du mouvement qui du reste a été regardé comme primordial par certains physiciens.

Disons quelques mots sur les propriétés de l'espace et du mouvement.

Notre espace jouit d'une propriété dominante : c'est qu'on y peut tracer des figures de différentes grandeurs, semblables entre elles. On peut y transporter sans déformation sensible une figure d'une position dans une autre.

On peut obtenir des tableaux, des dessins qui ne changent pas de forme en changeant de position ; il y a conservation de la Forme : en un mot, l'espace est homogène (DELBŒUF), ce qui en géométrie s'exprime à volonté par les énoncés suivants : la somme des angles d'un triangle est égale à 180° ; que d'un point pris hors d'une droite on peut toujours mener une parallèle et une seule ; qu'on peut tracer des triangles (ou autres figures) semblables (Postulatum d'EUCLIDE).

Quant au mouvement nous n'en dirons que les quelques mots nécessaires à la compréhension de ce qui va suivre. Parmi tous les mouvements, deux seulement vont nous intéresser.

D'abord le mouvement uniforme dans lequel des espaces égaux sont parcourus dans des temps égaux par un mobile (point, signe). L'espace parcouru dans l'unité de temps est la vitesse du mobile. Si elle est v, au bout du temps t elle sera de t fois v et on aura

$$\text{espace} = e = vt.$$

Ensuite le mouvement uniformément varié dans lequel la vitesse n'est pas toujours la même, mais varie d'une façon uniforme, s'accroissant de la même quantité dite accélération pendant des temps égaux de sorte que si g désigne cette accélération, au bout du temps t on aura

$$v = gt.$$

Quant à l'espace parcouru pendant chaque instant ou vitesse il est de g pendant la première seconde, de $2\,g$ pendant la deuxième, etc., et de gt pendant la dernière : la vitesse moyenne sera donc si le mobile est parti du repos

$$V = \frac{o + gt}{2} = \frac{gt}{2}$$

et l'espace total sera

$$E = V . t = \frac{gt}{2} \times t = \frac{g . t^2}{2}$$

Rappelons que c'est le mouvement que prend un corps en chute libre à la surface de la terre.

$$*_{*\,*}$$

Une remarque très importante est que l'on n'a jamais observé de mouvement rigoureusement uniforme en pratique. Or, comme a dit judicieusement W. Ostwald, tous les phénomènes du monde réel en dépit de leur variété ne sont que des cas particuliers de toutes les possibilités que l'on peut concevoir; distinguer, parmi les cas possibles les cas réels, telle est la signification des lois naturelles; et toutes se ramènent à la même forme, trouver un invariant qui permette d'exclure certaines possibilités. La science progresse par exclusions successives de phénomènes possibles. L'esprit va de l'indéfini au défini (Ribot).

Un exemple emprunté aux mathématiques très élémentaires expliquera le terme d'invariant et son rôle.

Soit l'équation bien connue

$$x^2 + p.x + q = 0.$$

On sait qu'elle peut admettre deux valeurs de x pour lesquelles elle est satisfaite, mais que parfois elle n'en admet qu'une seule ou même pas du tout.

Or pour le savoir on sait qu'il suffit de calculer la quantité

$$\left[\frac{p^2}{4} - q \right]$$

et suivant qu'elle est supérieure, égale, ou inférieure à zéro le nombre des solutions est de 2, 1 ou 0 :

Eh bien, la quantité :

$$\left[\frac{p^2}{4} - q\right]$$

est l'invariant des équations du 2e degré à une inconnue ; c'est-à-dire qu'il permet d'exclure la possibilité par exemple d'une des 2 racines satisfaisant l'équation proposée.

La masse et la force sont les invariants introduits par la mécanique concurremment avec l'espace et le temps pour tenir compte de l'impossibilité pratique du mouvement uniforme, exclusion rendue nécessaire par l'expérience qui jusqu'ici ne l'a pas constaté en réalité.

Quoique nous partagions personnellement l'opinion qu'il est impossible de donner une idée satisfaisante de la masse et de la force et d'en dire guère autre chose que ce sont des coefficients commodes (HERTZ, H. POINCARÉ, OSTWALD, STALLO. etc.), nous dirons d'abord que ces deux notions ne sont point indépendantes l'une de l'autre et tantôt on définit d'abord la force pour en déduire la notion de masse, tantôt on fait l'inverse. De ces deux manières de concevoir la mécanique, la première a été plus particulièrement employée en France et la deuxième l'a été surtout en Angleterre, ce qui a fait dire que les Français avaient une façon spiritualiste et les Anglais une façon matérialiste de faire la mécanique (BOUTY).

En effet la notion de force a pour origine les sensations subjectives d'effort que nous éprouvons en maintes circonstances. Mais pour en faire une grandeur physique il faut en effectuer la mesure, c'est-à-dire avoir un moyen de comparer entre elles les diverses forces. C'est ce que l'on peut faire, par exemple, en mesurant l'espace parcouru par un même corps et pendant le même temps mais soumis à telle ou telle force : c'est-à-dire en comparant les accélérations imprimées à un même corps par chaque force prise en particulier.

La masse se définira ensuite comme étant le quotient de la force par l'accélération, c'est-à-dire que, par définition, on a

$$f = m \cdot g.$$

m désignant la masse.

Les notions de masse et de force sont donc inséparables, et elles peuvent servir à se définir mutuellement.

Donnons maintenant quelques indications sur ce que c'est que le travail et la force vive.

On appelle travail d'une force pendant un temps donné le produit de l'intensité de la force par le chemin parcouru dans la direction de cette force ; de sorte que le chemin parcouru réellement par le mobile, ou trajectoire, n'intervient pas, mais seulement celui qui est parcouru dans la direction de la force : autrement dit : le travail d'une force ne dépend pas de la forme de la trajectoire (ou des positions du mobile sur la trajectoire) mais seulement des positions initiale et finale du mobile sur cette trajectoire.

Sous une autre forme encore, la mécanique n'exclut pas toutes les formes de trajectoires possibles en définissant l'action de la force par la notion de travail : d'où son imperfection.

Prenons comme exemple la force à l'action de laquelle on attribue la chute des corps à la surface de la terre, le poids d'un corps qui tombe étant p; on a

$$p = m \cdot g.$$

et le travail de la pesanteur pour un corps tombant de la hauteur E sera

$$\mathfrak{C} = p \cdot E.$$

D'autre part nous avons vu que le mouvement étant uniformément varié, on a

$$E = \frac{g t^2}{2}$$

et ensuite que la vitesse au bout du temps t est de

$$V = g t.$$

D'où

$$t = \frac{V}{g} \quad \text{et} \quad t^2 = \frac{V^2}{g^2}.$$

Ce qui fait que la valeur de E peut s'écrire

$$E = \frac{g}{2} \cdot \frac{V^2}{g^2} = \frac{V^2}{2g}.$$

D'où enfin

$$V^2 = 2 g E.$$

On en tire en multipliant par m et divisant par 2

$$\frac{m V^2}{2} = mg E = p E$$

où p E est le travail de la pesanteur. Quant à $\dfrac{m V^2}{2}$, c'est la force vive (Leibnitz) acquise par un corps ayant une vitesse V et une masse m.

On a donc

$$\mathcal{C} = \frac{m\,V^2}{2}.$$

c'est à dire d'une façon générale : on a la loi fondamentale que : la 1/2 de l'accroissement de la force vive d'un corps est égale au travail de la force, ou de la résultante des forces agissant sur ce corps.

Ainsi au temps 1 le mobile a dans une position 1 une vitesse V_1 on a pour le travail accompli à ce moment :

$$\mathcal{C}_1 = \frac{1}{2}\, m\, V_1^2$$

Au temps 2 le mobile étant à l'état 2 on a

$$\mathcal{C}_2 = \frac{1}{2}\, m\, V_2^2.$$

d'où

$$\mathcal{C}_2 - \mathcal{C}_1 = \frac{1}{2}\, m\, V_2^2 - \frac{1}{2}\, m\, V_1^2.$$

D'où

$$\mathcal{C}_2 + \frac{1}{2}\, m\, V_2^2 = \mathcal{C}_1 + \frac{1}{2}\, m\, V_1^2$$

or $\mathcal{C}_1$ et $m\,V_1^2$ étant toujours les mêmes, V peut devenir V_2 V_3… et $\mathcal{C}$, par suite, $\mathcal{C}_2$ $\mathcal{C}_3$, etc., on aura toujours

$$\mathcal{C} + \frac{1}{2}\, m\, V^2 = \mathcal{C}_1 + \frac{1}{2}\, m\, V_1^2$$

donc

$$\mathcal{C} + \frac{1}{2}\, m\, V^2 = \text{Constante.}$$

La somme de ces quantités a été appelée par Macquorn Rankine, énergie et il a créé une nouvelle science l'énergétique. qui à l'heure actuelle a détrôné la mécanique et qui résulte de la fusion de deux notions dérivées, l'une de la notion de masse et l'autre de la notion de force.

L'énergie aura donc pour formes le mouvement et le travail mécanique. Remarquons que le mouvement est ici synonyme de force vive et non pas simplement de déplacement dans l'espace.

Nous voilà donc en possession d'un nouvel invariant qui a fini par des généralisations successives à englober tous les autres invariants acquis par la physique et la chimie, il nous faut donc indiquer comment s'est effectuée cette évolution, et nous montrerons comment on a pu tirer de la notion d'énergie une nouvelle notion permettant d'exclure certains phénomènes encore compatibles, quoique non réels, avec les théories mécaniques.

*
* *

Avant de donner cette démonstration, comme nous nous servons souvent des mots d'équilibre et de stabilité, il importe de donner de ces notions d'expérience vulgaire une définition rigoureuse.

Un corps est en équilibre quand la résultante des forces qui y sont appliquées n'accomplit aucun travail.

L'équilibre est stable ou instable suivant que la possibilité du déplacement entraîne un travail négatif ou positif de cette résultante.

Par exemple, soit un corps pesant: la force de pesanteur est appliquée à son centre de gravité. Si ce centre de gravité ne peut se déplacer qu'en s'élevant au-dessus de sa position, la pesanteur, dont la direction est vers le sol, accomplit un travail négatif : le corps sera en équilibre stable.

Si au contraire le centre de gravité ne peut se déplacer qu'en s'abaissant, la pesanteur pourra accomplir un travail dans la direction du sol et le travail accompli sera positif, le corps ne sera donc pas en équilibre stable.

C'est le principe du travail virtuel, c'est-à-dire du travail possible.

De plus on comprend que, quand l'équilibre est stable, la force qui tend à prendre un travail positif et qui maintient le corps en position stable, réagira contre toute autre force qui dérangerait le corps de sa position d'équilibre (ressort, pendule, etc.).

C'est le principe de Maupertuis (1744).

CHAPITRE II

EXPOSÉ SUCCINT DES PRINCIPES DE THERMODYNAMIQUE

Sommaire. — Notions préliminaires sur la chaleur et le calorique (principe de Black), température, quantité de chaleur. — Le calorique ne varie qu'avec l'état initial et l'état final (conservation du calorique).

Transformation du travail en chaleur. — Relation entre le travail et la quantité de chaleur. — Principe de Joule-Mayer. — Conservation de l'énergie interne. — L'énergie interne ne varie qu'avec l'état initial et final. — Compatibilité avec l'impossibilité du mouvement perpétuel. — Exemple emprunté à la chimie.

Transformation de la chaleur en travail. — Relation entre le travail et la température. — Rendement maximum. — Principe de Carnot. — Réversibilité. — Température absolue. — L'entropie. — Elle n'est nulle que pour les transformations réversibles. — En pratique elle ne peut qu'augmenter (Clausius).

Dans l'étude de la chaleur on rencontre les notions de egré de température et de quantité de chaleur.

La notion de température est due à des sensations vagues que nous donne le sens du toucher sur le chaud et le froid. Cette notion acquiert un degré de précision un peu plus grand si, au lieu de tenir compte seulement des sensations produites sur notre organisme, on tient compte des modifications produites, sur un corps donné et pris comme terme de comparaison, par les autres corps en expérience.

Le phénomène le plus simple et presque toujours d'accord avec nos sensations, est le changement de volume : en effet, quand un corps A nous paraît plus chaud qu'un corps B, il fait, davantage que B, augmenter le volume du corps X terme de comparaison. Ce sera donc par le volume que l'on désignera les températures, pour un volume V_1, la température sera de 1°, pour le volume $2\,V_1$, elle sera donc de 2°, etc., sans que cela veuille dire que la température de 2° est le double de celle de 1°. C'est seulement le volume qui a doublé. On a donc seulement une échelle de température donnée par la variation des volumes du corps X qui est dit un thermomètre, nom impropre, puisqu'il veut dire mesurer la chaleur.

Mais si maintenant ce mot est reconnu impropre, il ne l'était pas au début de nos connaissances sur les phénomènes en question, car l'on supposait que la variation de volume était proportionnée à la variation de chaleur ou plutôt, comme on disait alors, de calorique. Et, par conséquent, on pouvait mesurer le calorique au moyen du volume, et l'unité de quantité de chaleur (calorie) était la quantité de chaleur nécessaire pour faire varier de l'unité de volume, le volume primitif du corps choisi comme thermomètre.

D'une autre façon, quand un corps de l'état [1] est passé à l'état [2], il a acquis une quantité de chaleur Q, et quand il est revenu de l'état [2] à l'état [1] il a cédé une quantité de chaleur qui est précisément égale à Q, de sorte que le corps parti de [1] pour revenir à [1], ayant décrit un cycle fermé comme on dit en physique, possède la même quantité de calorique : le calorique ne varie donc qu'avec l'état initial et l'état final des corps en expérience (BLACK). Or, ceci est inexact, et il a fallu corriger, en s'approchant davantage de la vérité, les résultats acquis.

Principe de Joule-Mayer.

Supposons que l'on dépense une quantité de travail $\mathfrak{E}$ à produire une certaine quantité de chaleur Q. On a dans certaines conditions, c'est l'expérience qui le montre

$$\mathfrak{E} = EQ.$$

E étant un nombre appelé l'équivalent mécanique de la chaleur ou mieux de la calorie.

De cette façon, la notion de calorique disparaît, et on considère la chaleur comme forme de l'énergie telle qu'elle a été définie plus haut.

Quelles sont les conditions dans lesquelles l'égalité précédente est seulement vraie ?

L'expérience montre que, quand on chauffe un corps (un gaz par exemple) à volume constant (en lui laissant le même volume), la quantité de calories qu'il absorbe ainsi est plus petite que celle qu'il absorberait chauffé à pression constante, pour une même élévation de température.

La chaleur spécifique étant la quantité de calories nécessaire pour élever de $1°$ de température l'unité de masse du corps, on dira que la chaleur spécifique à volume constant est plus petite que celle à pression constante, et leur différence est appelée la chaleur latente de dilatation du corps considéré.

Or, quel est le travail produit par un corps ? Il est évident que c'est le travail employé à surmonter les forces extérieures (la pression pour un gaz par exemple). C'est donc à ce travail que doit être équivalente la quantité de chaleur produite. Mais dans cette quantité de chaleur une partie reste latente et ne peut être mesurée directement et une autre est sensible au thermomètre. C'est seulement cette dernière qui est la quantité Q.

Comment définir la chaleur latente? C'est bien simple: pour qu'elle n'intervienne pas dans la formule $\mathcal{C} = EQ$, il faut que sa variation ait été nulle dans l'expérience considérée, or comme elle a existé à un moment donné, il a fallu qu'elle disparaisse à un autre moment, c'est-à-dire que si le corps passant de $|1|$ à $|2|$, la chaleur latente a varié de U_1 à U_2, c'est-à-dire que la variation a été de U_1-U_2. Quand le corps repassera de $|2|$ à $|1|$, si la variation est $U_2 - U_1$, la variation totale $U_1 - U_2 + U_2 - U_1$ sera nulle.

La condition pour que l'on ait

$$\mathcal{C} = EQ.$$

est donc que le corps revienne à son état initial, c'est-à-dire qu'il ait décrit un cycle fermé.

La quantité de chaleur latente L a un équivalent énergétique qui est EU tout comme la chaleur sensible Q en a un qui est EQ, on aura donc pour l'emploi du travail $\mathcal{C}$, quand le corps passera de $|1|$ à $|2|$ sans revenir à $|1|$

$$\mathcal{C} = EQ - EU.$$

La quantité $U = U_1 - U_2$ ou énergie interne ne dépend donc par définition que de l'état initial et de l'état final du corps considéré. Ce n'est plus le calorique sensible qui jouit de cette propriété comme on le supposait autrefois.

Nous allons voir que ce n'est pas encore tout à fait vrai et que ce qui ne dépend réellement que de l'état initial et de l'état final d'un corps n'est pas cette énergie interne dont nous venons de parler.

Pour légitimer l'introduction de notre nouvelle notion, il faut montrer qu'elle exclut certains phénomènes compatibles avec la notion de conservation du calorique (BLACK, 1840).

En effet, dans une machine, le travail dépensé est toujours plus grand que le travail utilisé, et une quantité de chaleur se produit en certains points de la machine (frottements) sans qu'un refroidissement se fasse sentir dans d'autres points. Ce qui montre que le calorique ne se conserve pas ni ne se détruit. S'il en était autrement, le mouvement dit perpétuel serait possible, puisque alors le travail dépensé serait égal au travail utilisé ajouté au travail équivalent à la quantité de chaleur produite, travail qui pourrait être utilisé à son tour, de sorte que, en fin de compte, le travail utilisé serait plus grand que le travail dépensé : phénomène incompatible avec l'impossibilité du mouvement perpétuel. La nouvelle notion imposée par le principe de l'équivalence exclut donc la possibilité d'un phénomène que n'excluait pas le principe de la matérialité ou de la conservation du calorique.

La chaleur devient alors une forme de l'énergie et le principe de la conservation de l'énergie au lieu de s'appliquer seulement aux forces centrales (pesanteur par exemple) s'applique à d'autres phénomènes, il commence ainsi à se généraliser davantage (JOULE, MAYER...)

Nous traiterons dans un autre chapitre de toute l'extension que l'on peut lui donner.

Avant de terminer, remarquons que l'on peut choisir une autre unité de la quantité chaleur que la calorie et plus en relation, avec les autres unités des différentes formes de l'énergie.

La calorie, quantité de chaleur nécessaire pour élever de o à 1 degré la température de l'unité de masse d'eau, sera remplacée par la quantité de chaleur équivalant à l'unité de travail.

La nouvelle unité s'appelle la thermie et si l'on exprime la quantité de chaleur en thermies on a évidemment numériquement

$$\mathcal{C} = Q \text{ ou } \mathcal{C} - Q = 0$$

d'après le principe de l'équivalence quand le corps décrit un cycle fermé, et quand il subira une transformation autre, on aura :

$$\mathcal{C} - Q = U.$$

*
* *

Pour illustrer en quelque sorte cette notion d'énergie et de travail interne nous rappellerons un des principes de thermochimie bien connu : celui dit de l'état initial et de l'état final (G.-H. Hess, 1840), d'après lequel : si un système de corps simples ou composés, pris dans des conditions déterminées, éprouve des changements physiques ou chimiques capables de l'amener à un nouvel état (sans donner lieu à aucun effet mécanique extérieur au système) la quantité de chaleur dégagée ou absorbée par l'effet de ces changements dépend uniquement de l'état initial et de l'état final du système : elle est la même quelles que soient la nature et la suite des états intermédiaires.

S'il n'y a pas de travail extérieur, la chaleur dégagée correspond uniquement à l'énergie intérieure du système

et par conséquent cette énergie intérieure ne dépend pas
des modifications qui se seraient succédées entre l'état [1]
et l'état [2] du système considéré (Thomsen, Berthelot...)

Comme nous le verrons plus loin, l'affinité étant aussi
une forme de l'énergie, ce n'est pas l'énergie interne d'un
corps qui jouit de la propriété d'être déterminée seulement
par l'état initial et final de ce corps, c'est-à-dire, en lan-
gage mathématique, ce n'est pas l'énergie interne qui
admet un potentiel.

Principe de Carnot-Clausius.

La transformation de la chaleur en travail donne lieu
à des remarques extrêmement intéressantes, malheureusement encore peu connues, du moins en biologie.

Nous en chercherons une application au fonctionnement du système nerveux en général tant au point de vue
normal qu'au point de vue pathologique.

Mais ce n'est pas une relation nouvelle entre le travail
et la quantité de chaleur dépensée pour le produire que
nous allons étudier, car le principe de l'équivalence s'applique aussi bien dans ce cas que dans le cas inverse de la
transformation du travail en chaleur. Le second principe
de la thermodynamique consiste en une relation entre le
travail et la température, relation obtenue par l'étude
expérimentale des machines à feu qu'emploie l'industrie
(Hirn, Regnault, Clausius).

Soit donc une machine thermique, un moteur à vapeur
d'eau par exemple : on constate qu'on ne peut produire de
travail sans que ce corps s'abaisse de température. Ce que
Carnot énonce d'une façon générale dans les termes sui-

vants : dans toute machine thermique il y a chute de température ; il n'y a pas de travail produit sans l'emploi de deux sources à des températures différentes.

Mais cet énoncé ne se prête pas facilement aux calculs. Pour y arriver il nous faut définir le rendement : c'est le rapport entre le travail produit et la quantité de chaleur dépensée, fournie par la source chaude.

Une machine n'a évidemment pas de minimum de rendement mais elle a un maximum déterminé par le principe de l'équivalence. En effet, si toute la chaleur est utilisée, ce qui est le maximum possible, on a, en évaluant la chaleur en thermies

$$\mathcal{C} = Q.$$

D'où le rendement maximum est $\dfrac{\mathcal{C}}{Q}$, rendement que Sadi Carnot a montré ne jamais pouvoir être atteint en pratique.

Quelles sont les conditions pour que le rendement soit maximum pour une machine réelle qui ne peut fonctionner, produire du travail sans chute de température ? C'est là une question importante qui fut traitée à fond par Sadi Carnot dans son fameux ouvrage : « *Réflexions sur la puissance motrice du feu* » (1824).

D'abord pour appliquer comme nous l'avons fait le principe de l'équivalence, il faut que le corps soit ramené à son état initial, qu'il décrive un cycle fermé.

Ensuite pour qu'aucune partie du travail ne soit perdue il faut que le travail produit soit aussi voisin que possible du travail nécessaire, de ce qu'on appelle le travail des forces extérieures, en un mot que les conditions mécaniques du maximum de rendement soient celles de l'équilibre.

Quant aux conditions thermiques, il faut chercher quelle doit être la différence de température à donner entre les deux sources.

Soient |2| la source froide et |1| la source chaude, désignant les deux états que doit avoir le corps considéré. Il part de l'état |1| pour atteindre l'état |2| et en repart pour revenir à l'état |1|, le cycle devant se fermer comme nous l'avons remarqué, pour permettre l'application du principe de l'équivalence. Mais, pour aller de la source froide à la source chaude, il faudra transporter de la chaleur d'un corps froid sur un corps chaud (CLAUSIUS). Or ceci ne peut se faire sans absorber du travail, car, d'après le principe de CARNOT dans l'opération inverse : (produire du travail) il faut transporter de la chaleur d'un corps chaud sur un corps froid.

Pour avoir le maximum de rendement il faudra diminuer autant que possible cette dépense de travail et pour cela il faudra que |1| et |2| soient aussi voisins que possible l'un de l'autre, au point de vue thermique, c'est-à-dire qu'il faudra que les températures des deux sources soient très peu différentes (si elles ne l'étaient pas du tout aucun travail ne pourrait être produit) et que les transformations se fassent sans perte de chaleur, car ce serait autant de moins d'employé à produire du travail.

Les physiciens emploient, pour indiquer des transformations se faisant à la même température, le mot isothermique, bien connu, et pour la transformation à chaleur constante, le mot adiabatique : c'est-à-dire imperméable,

Pour nous résumer nous dirons que les conditions à réaliser pour avoir une machine thermique à rendement maximum sont des conditions très voisines de l'équilibre, et que, par suite il suffirait d'une influence extrêmement petite pour renverser la suite des phénomènes. Or, une suite de phénomènes dont on peut renverser l'ordre par une très faible influence sont dits non pas seulement renversables, mais réversibles.

La réversibilité est donc la condition d'une machine parfaite, c'est cette notion due à CARNOT qui va nous permettre de donner l'expression mathématique de son principe.

Remarquons de plus que ces conditions sont irréalisables en pratique, ce qui fait que la réversibilité et par suite le maximum de rendement ne peuvent pas être obtenus.

Enfin la notion de température absolue est encore nécessaire à la recherche de la mise en équation que nous nous sommes proposée. — Considérons donc une machine parfaite : les corps qui la composent n'ont pas d'influence, car le rendement ne fait pas intervenir cette composition dans sa définition. Alors, soit une machine absorbant Q_1 à la source chaude, en restituant Q_2 à la source froide, ou bien en absorbant Q_1 en restituant Q_3... Q_n, etc. : suivant la source froide, les rapports :

$$\frac{Q^2}{Q^1}, \frac{Q^3}{Q^1}, \frac{Q_n}{Q^1}...$$

sont absolument caractéristiques des sources qui sont capables d'absorber Q_2, Q_3, Q_n ... de la source donnant Q_1.

Par suite on peut prendre ces rapports pour définir la température des sources en question.

Pour cela nous n'avons qu'à écrire (Θ_1 Θ_2 Θ_3 Θ_n désignant respectivement les températures correspondant à Q_1 Q_2 Q_3 Q_n),

$$\frac{Q_n}{Q_1} = \frac{\Theta_n}{\Theta_1}$$

Alors soit une machine fonctionnant entre deux températures quelconque Θ et Θ'. On aura

$$\frac{Q}{Q'} = \frac{\Theta}{\Theta'}$$

d'où

$$\frac{Q}{\Theta} = \frac{Q'}{\Theta'}$$

ou enfin

$$\frac{Q}{\Theta} - \frac{Q'}{\Theta'} = 0$$

Or Q' étant une quantité de chaleur absorbée elle doit avoir le signe moins et $-\dfrac{Q'}{\Theta'}$ devient après cette correction $+\dfrac{Q'}{\Theta'}$.

D'où

$$\frac{Q}{\Theta} + \frac{Q'}{\Theta'} = 0$$

Donc, quand une machine décrit un cycle fermé et réversible la somme des quantités $\left(\dfrac{Q}{T}\right)$ en désignant maintenant par T la température absolue, est toujours nulle.

Tel est l'énoncé mathémathique du principe de Carnot.

Si nous comparons maintenant une forme sous laquelle, nous l'avons vu, peut se mettre le principe de l'équivalence : que la variation d'énergie interne est nulle pour un cycle fermé, autrement dit que l'énergie interne ne dépend que de l'état initial et final du système, nous dirons que, pour un cycle fermé et réversible, la valeur de la somme des quantités analogues à $\left(\dfrac{Q}{T}\right)$ ne dépend pas du chemin parcouru et qu'elle ne dépend que de l'état initial et de l'état final du système.

Appelons pour abréger $\left(\dfrac{Q}{T}\right)$ l'entropie S du système considéré : à l'état [1] l'entropie était S_1, à l'état [2] l'entropie devient S_2.

La variation d'entropie sera

$$S = S_1 - S_2.$$

Si le corps revient à son état initial, $S_2 = S_1$ donc $S = 0$.

C'est cette quantité à laquelle nous faisions allusion qui doit maintenant remplacer l'énergie interne, de même que l'énergie interne avait dû remplacer le calorique comme étant le quelque chose qui peut se conserver pendant les transformations d'un corps, c'est-à-dire qui puisse admettre un potentiel dans une transformation réversible.

Il nous restera à examiner les phénomènes irréels, qu'on exclut par la considération de l'entropie, et pour cela il nous reste à chercher le mode de variation qu'elle éprouve dans les phénomènes réels que présente l'univers, c'est-à-dire dans les transformations non réversibles.

Étudions donc la somme des quantités $\dfrac{Q}{\theta}$ pour cette sorte de transformation.

Si Q est > 0, il y a absorption de chaleur par le milieu ambiant; donc, si on désigne par Θ la température qui serait la même pour le milieu et le système s'il y avait réversibilité; on a $\Theta' > \Theta$, alors si $\dfrac{Q}{\Theta}$ est la valeur de l'entropie pour une transformation réversible. on a $\dfrac{Q}{\Theta'} < \dfrac{Q}{\Theta}$.

Si Q était < 0, il y aurait dégagement de chaleur et par suite Θ' serait $< \Theta$ et on aurait dans ce cas

$$\frac{Q}{\Theta'} > \frac{Q}{\Theta}$$

seulement Q est négatif, donc on a $-\dfrac{Q}{\Theta'}$ au lieu de $\dfrac{Q}{\Theta'}$, de sorte que, comme dans le premier cas on a encore cette correction faite

$$-\frac{Q}{\Theta'} < \frac{Q}{\Theta}$$

C'est-à-dire que dans toute transformation non réversible la somme des quantités $\left(\dfrac{Q}{\Theta'}\right)$ est inférieure à la somme des quantités analogues pour une transformation réversible. Or, comme pour cette dernière transformation elle est égale à zéro, pour une transformation irréversible elle est plus petite que zéro, donc négative.

Donc si S_1 représente cette somme au début de l'expérience elle sera S_2 à la fin de l'expérience.

La variation $S_1 - S_2$ étant négative c'est-à-dire

$$S_1 - S_2 < 0$$

on a

$$S_2 > S_1$$

c'est-à-dire que l'entropie du système va en augmentant. Ce qui peut s'écrire

$$S_2 - S_1 > 0$$

ou désignant par P un nombre essentiellement positif

$$S_2 - S_1 = P.$$

Clausius appelle P la transformation non compensée relative à une transformation de l'état [1] à l'état [2].

Elle est nulle pour une transformation réversible, et Duhem appelle par symétrie $(S_2 - S_1)$ la transformation compensée pour le changement d'état de [1] à [2]. On voit que tandis que $[S_2 - S_1]$ est déterminé quand on connaît seulement l'état initial [1] et l'état final [2] du système, il faut pour déterminer P connaître tous les états intermédiaires que le système a traversés pour aller de [1] à [2].

Nous nous arrêterons ici dans ce résumé des principes de thermodynamique. Nous traiterons maintenant des phases qu'ils traversent quand on les généralise et pour conduire : le premier principe à la conservation de l'énergie, le deuxième à la dissipation de cette énergie : et en particulier, des conséquences de ce dernier principe (dû à William Thomson.et en second lieu à Helmholtz), surtout en ce qui regarde l'exclusion d'hypothèses vraiment extraordinaires et absolument impossibles à vérifier que l'on avait été obligé d'émettre pour accorder avec les théories mécaniques ce fait d'observation : que les phénomènes naturels ne sont pas réversibles. Or, la réversibilité est implicitement la base des théories dites mécaniques, ou du moins jusqu'ici on n'a pas pu éliminer cette condition.

Il faudrait, comme le fait remarquer Otswald, que l'on pût introduire en mécanique une grandeur douée de polarité, c'est-à-dire ayant un signe, comme par exemple l'entropie, qui est toujours positive, tandis qu'on n'est pas encore arrivé à trouver de grandeur mécanique non susceptible d'avoir indifféremment le signe $+$ ou $-$.

La théorie énergétique remplit cette condition, ce qui fait que nous devons la préférer, au moins jusqu'à plus ample informé.

DEUXIÈME PARTIE

L'ÉNERGÉTIQUE ET LES FORMES DE LA SENSIBILITÉ

Sommaire. — Le principe de la conservation de l'énergie. — Le principe de la conservation de la masse. — Inutilité du dualisme force et matière. — Le monisme. — Le principe de la conservation de l'espace. — L'énergie, la masse, l'étendue peuvent se ramener à une seule notion.

Le principe de la dissipation de l'énergie. — L'entropie et le temps sont des grandeurs polaires. On peut les ramener à une seule notion. — Le facteur thermique et l'évolution (Mouret). — Théories atomomécaniques et théories énergitiques. — Descartes, Newton, Boscowitch et Faraday. — L'irréversibilité des phénomènes. — Le signe temporel (Ward) n'est autre chose que la variation élémentaire de l'entropie du système nerveux.

La notion d'énergie étant parvenue à rendre compte des phénomènes attribués jusque-là au calorique, son extension à l'explication des phénomènes lumineux, chimiques, électriques fut rapidement obtenue ; la lumière, l'affinité, l'électricité tout comme la chaleur, le travail et la force vive sont en définitive les formes d'une seule et même chose, l'énergie.

Le principe de l'équivalence subit une transformation parallèle à l'évolution de la notion d'énergie, et à mesure que cette notion devient plus générale, il devient, lui aussi, plus général, et il aboutit finalement au principe de la conservation de l'énergie.

Quelle est la signification de ce principe? nous allons essayer de la donner dans ce qui va suivre.

Si tous les agents naturels jusqu'ici inventoriés sont des formes de l'énergie, il devient impossible de donner du mot énergie une définition générale, quoique l'on voie bien dans chaque cas particulier ce que c'est que l'énergie : par suite, si l'on veut énoncer le principe dans toute sa généralité en l'appliquant à l'univers, on le voit pour ainsi dire s'évanouir et se réduire à ceci : il y a quelque chose qui demeure constant (Poincaré). Alors, conclut M. Poincaré, cette loi est un cadre assez souple pour qu'on y puisse faire rentrer tout ce que l'on veut, mais cette souplesse n'est pas un inconvénient et lui assure au contraire une longue durée.

Nous allons en effet montrer que cette généralité qui paraît excessive est néanmoins féconde en de nouvelles conclusions.

L'idée d'un élément constant dans l'univers, élément qui prendrait de multiples formes, est susceptible d'une plus grande généralisation encore que celles dont nous avons parlé jusqu'ici.

Si l'énergie est constante et si nous trouvons dans l'univers un autre élément constant la somme de ces deux éléments sera constante aussi. Or, nous avons vu que la Forme se conservait. Tel est du moins le résultat de l'expérience : l'espace est homogène expérimentalement.

Mais y a-t-il une relation entre l'espace et l'énergie? On sait, en effet, que tous les sens sans exception peuvent servir à localiser dans l'espace le point de départ d'une sensation, qu'elle soit auditive, visuelle, tactile, musculaire, toujours l'appréciation des distances est possible avec un seul organe sans que les autres interviennent nécessairement.

En effet, lumière, son, chaleur, etc., varient en intensité avec la distance, tandis que la surface peut être perçue directement par le toucher ou par le sens musculaire.

En somme, toute sensation apporte avec elle un signe local, et ce signe local varie avec la forme de l'énergie pour laquelle l'organe est adapté, et par suite l'espace comme l'énergie est un élément commun à toutes les sensations, et il est par conséquent tout à fait légitime de regarder l'étendue comme une forme de l'énergie. « Partout, dit Otswald, il n'est question que d'énergie et, si nous séparons les différentes formes d'énergie de la matière, celle-ci s'évanouit : elle n'a plus même l'espace qu'elle occupait, car cet espace ne nous est connu que par la dépense d'énergie nécessaire pour le pénétrer ».

L'énergie est devenue ainsi un invariant plus général que tous les invariants partiels jusqu'ici considérés (mouvement, travail, espace, etc.) et est destinée à les remplacer.

Il est encore un de ces invariants partiels dont nous avons parlé au début et que nous n'avons pas donné comme étant, lui aussi, une forme de l'énergie, nous voulons parler de la masse.

On sait que Lavoisier a démontré que la masse ne variait pas dans les réactions chimiques quelles qu'elles soient, aussi a-t-on énoncé les deux principes, le premier de la conservation de la masse (Lavoisier), parallèlement au deuxième de la conservation de la force ou énergie

(HELMHOLTZ) et en quelque sorte en les opposant l'un à l'autre.

Comme nous poursuivons notre doctrine unitaire de la conception de l'univers nous allons résumer en quelques mots les raisons qui nous semblent militer en faveur de l'opinion qui fait rentrer dans le principe de la conservation de l'énergie celui de la conservation de la masse et en réalité à rejeter le concept de masse comme inutile et contradictoire.

L'opposition des deux principes a son origine dans la distinction que l'on a longtemps introduite entre le concept de masse et celui de mouvement. En effet, dans cette conception cartésienne de l'univers, la matière n'aurait aucune propriété, serait absolument inerte, toutes ses manifestations variées ne tenant qu'aux variétés des modes de mouvement dont elle serait animée.

La matière serait composée d'atomes à la fois durs et élastiques (ce qui est contradictoire) et de plus inertes et devant leurs propriétés. soit à la nature du mouvement qu'ils posséderaient, soit encore (suivant les théories newtoniennes dans lesquelles les atomes sont immobiles) à la nature des forces suivant lesquelles ils s'attireraient.

En somme, dans cette dernière théorie surtout, il semble évident que l'atome ne sert à rien et peut tout aussi bien être remplacé par un centre de force comme le voulaient BOSCOWITCH, puis FARADAY: l'inutilité de la matière à laquelle DESCARTES ne donnait d'autres propriétés que l'étendue, est en somme telle que LEIBNITZ remplace les atomes de matières inertes par les monades, atomes de force au contraire seuls actifs et seuls utiles.

La croyance en l'absolue solidité de la matière est du reste assez anti-scientifique. En effet, il est d'habitude d'expliquer le compliqué par le simple et c'est évidemment le fond de la méthode scientifique opposée aux tendances mystiques qui font que la majorité des gens croient d'abord au complexe et au surnaturel. Or, il est évident que les lois de l'élasticité des corps solides ne sont, même maintenant, pas encore totalement connues, de sorte que le choc n'est pas un fait simple. Tandis qu'au contraire les lois des propriétés aussi bien physiques que chimiques des gaz sont beaucoup plus simples. Et alors pourquoi vouloir expliquer ces propriétés simples par les propriétés encore imparfaitement comprises des corps dits solides? pourquoi vouloir expliquer le simple par le complexe? Comme le fait remarquer COURNOT : « Rien n'oblige à concevoir ces atomes comme de petits corps durs ou solides, plutôt que comme de petites masses molles, flexibles ou liquides ». COURNOT en donne comme raison des préjugés d'éducation et les conditions de notre vie animale. En effet, nous croyons que cela tient à l'importance des sensations dues au sens musculaire et au toucher plutôt peut-être qu'aux tendances métaphysiques encore constitutionnelles, en quelque sorte, dont n'ont pu s'affranchir les savants. La raison n'en est pas seulement dans les « erreurs structurales de l'esprit » (STALLO), mais plus probablement dans notre structure générale. Du reste, la conception des atomes durs et élastiques est tellement contradictoire que l'on a tenté de concevoir les atomes comme un mouvement tourbillonnaire d'un fluide continu remplissant l'univers (HELMHOLTZ, WILLIAM THOMSON).

C'est, on le voit, faire un pas dans la conception gazeuse (si je puis l'appeler ainsi, par opposition à la conception atomique et solide) de l'univers. Seulement, la supposition de mouvements partiels d'un fluide continu est contradictoire, il nous suffira de rappeler les fameux arguments de Zénon d'Élée contre la possibilité d'un mouvement dans le continu.

En somme, le concept de matière doit disparaître devant celui d'énergie, et le principe de la conservation de la matière doit disparaître devant celui de la conservation de l'énergie. On ne peut pas les opposer l'un à l'autre. Le dualisme dû aux théories cinétiques si attaquées par Hirn, n'a pas de raison d'être. « L'idée de dualisme, dit aussi Hæckel, sépare l'esprit et la force de la matière, comme deux substances essentiellement différentes, mais que l'une des deux puisse exister dans l'autre et se laisser constater, on n'en apporte aucune preuve expérimentale. »

Du reste la théorie de la lumière, dite de l'émission dans laquelle on supposait que les sources lumineuses envoyaient des particules qui venaient frapper les corps et leur donnaient l'énergie (due à la force vive) nécessaire pour les rendre visibles à leur tour a été forcé de battre en retraite devant la théorie des ondulations où l'on ne suppose plus de ces transports de matières (théorie moléculaire aussi, mais newtonnienne).

De plus ces théories cartésiennes sont comme les théories newtonniennes incapables d'expliquer pourquoi notre univers n'est pas réversible, ou du moins elles ne peuvent l'expliquer qu'en supposant soit des mouvements cachés pour nous (Helmholtz), soit la présence d'un démon

(Maxwell) qui aurait la faculté de compenser la dissipation de l'énergie (irréversibilité) ou encore que notre univers est réversible dans le temps (Breton), c'est-à-dire que quand le cycle des transformations actuelles sera terminé ce cycle sera reparcouru en sens inverse, la puissance actuelle devenant la résistance dans la deuxième suite des transformations, etc..... Ce qui fait pendant à l'hypothèse d'Helmholtz qui suppose que simultanément se reproduit dans un autre univers identique au nôtre une transformation exactement inverse à celle que nous voyons dans notre univers. Mais en somme ces hypothèses ne font que montrer le vice originel de toute théorie mécanique. Car, dans toutes on peut changer le signe du temps sans changer quoi que ce soit aux conséquences des formules.

Le mécanisme est incompatible avec le théorème de Clausius (principe de Carnot), telle est la conclusion de Mr Poincaré dans son livre de Thermodynamique et dans ses divers articles. C'est aussi la conclusion des auteurs suivants que nous citons au hasard de la plume. Stallo, Duhem, Ostwald, Hertz, Lechalas, Robin. etc., etc.

Nous voyons aussi qu'entre la notion d'énergie et celle d'entropie existe une opposition radicale. La première se conserve. la deuxième augmente. car pour rester constante il faudrait qu'il n'existe aucune. absolument aucune, transformation non réversible, aussi bien dans le passé que dans l'avenir, or de l'avis même des plus convaincus partisans de la théorie atomo-mécanique de l'univers cette circonstance ne se présente pas. Aussi nous ne pouvons évidemment pas ranger dans le même principe, celui de la conservation de la puissance motrice, d'un mot emprunté à

Sadi-Carnot. (comme l'ont fait MM. Lechatelier et Mouret), le principe de la conservation de la masse (loi de Lavoisier), de la force vive (loi de Descartes). du travail (loi de Newton). de la quantité d'électricité (loi de Faraday), à côté du principe de la conservation de l'entropie (loi de Clausius), attendu que l'entropie ne se conserve pas.

Nous sommes ainsi arrivé au terme des généralisations successives que peut subir le principe de l'équivalence et dans la notion d'énergie, dont l'origine est la transformation de la force vive en travail, sont rentrées successivement d'abord. et ce fut un pas décisif, la notion de chaleur, puis les autres notions des agents physiques, électricité, affinité. lumière. etc., puis la notion de masse. Enfin nous avons tenté d'y joindre la notion d'étendue semblable en ses propriétés à cette dernière notion. Mais pour la même raison que nous rejetons les théories atomo-mécaniques qui opposaient la masse à l'énergie. nous opposons à l'énergie l'entropie et nous allons maintenant chercher à généraliser le second principe de la thermodynamique et à en indiquer la signification en l'appliquant à la totalité de l'univers.

Puisque l'énergie totale se conserve, dans toute transformation. une variété se change en une autre. ces deux variétés se distinguent ainsi : la 1re sous le nom général d'énergie potentielle, et la 2e d'énergie actuelle, manifeste, et alors le principe de la conservation de l'énergie s'énonce. la somme de l'énergie potentielle et de l'énergie actuelle est constante dans l'univers.

Seulement cette transformation est telle que l'énergie devient de moins en moins transformable. Cette observation importante est due à W. Thomson qui l'énonça sous le nom de principe de la dissipation de l'énergie.

Cette dissipation de l'énergie, ou plutôt cette tendance de l'énergie à se dissiper est générale pour toutes les formes de l'énergie, mais nous n'en donnerons un exemple que pour la forme Affinité.

Berthollet dans sa statique chimique avait, en cherchant les lois de double décomposition des sels dissous, trouvé que quand d'un système donné il pouvait en sortir un autre plus stable que lui la double décomposition avait lieu. Le cas de plus grande stabilité était le cas de la plus grande insolubilité ou de la plus grande cohésion, ce qui revient au même.

Or on sait qu'en général la solubilité des corps est accrue par la chaleur et que par suite la disparition totale ou partielle de la solubilité correspond à un dégagement de chaleur.

C'est là qu'est en germe la théorie plus générale des réactions chimiques fondée sur la thermochimie que l'on doit aux travaux de Thomsen et de Berthelot. Ce dernier, sous le nom de principe du travail maximum, a énoncé la loi suivante : tout changement chimique effectué sans une intervention d'une énergie étrangère tend à produire le système de corps qui dégage la plus grande quantité de chaleur.

Mais il est évident que ce principe possède ainsi une expression bien imparfaite.

Cette imperfection du principe du travail maximum

consiste d'abord dans le défaut de netteté de la signification de ces mots : intervention d'une énergie étrangère.

Duhem fait en effet remarquer qu'il ne peut pas y avoir d'énergie étrangère, toutes les énergies étant transformables les unes dans les autres. Nous ferons cependant observer que cette objection ne porte plus si on applique le principe à tout l'univers isolé et limité dans la quantité d'énergie qu'il contient.

La véritable objection repose sur la nature de l'intervention mentionnée dans ce principe, d'autant plus que l'on oppose aussi au principe du travail maximum des faits en contraction flagrante avec lui.

En effet il y a des réactions chimiques endothermiques, c'est-à-dire s'accomplissant avec absorption de chaleur sans que l'on puisse invoquer la coexistence de réactions exothermiques rendant exothermique le système final.

Par exemple : la combinaison de carbone et d'hydrogène en acétylène (Berthelot) et encore les synthèses par réduction qui se passent sous l'influence de la lumière dans les parties vertes des plantes, de façon que l'acide carbonique excrété par les animaux soit décomposé en oxygène et en composés organiques que l'animal respire et mange et reconvertit en acide carbonique.

Stephenson avait déjà remarqué que la plante, d'elle-même, ne peut décomposer l'acide carbonique, en ses éléments :

S'il en était autrement, on aurait sur la plus vaste échelle qu'on puisse rêver la réalisation d'un équivalent du mouvement perpétuel.

En effet, la production d'acide carbonique s'accom-

pagne d'un dégagement d'énergie sous forme de chaleur
et l'on pourrait utiliser cette énergie. Or, cette énergie n'est
pas même utilisable par la plante pour redécomposer
l'acide carbonique produit. Il faut que l'énergie solaire
intervienne, car l'on sait que c'est justement sous l'influence des rayons lumineux que la plante absorbe le plus
(les rayons verts) que la fonction chlorophyllienne s'accomplit. Il y a transformation d'énergie lumineuse, en
énergie chimique, puis de celle-ci en énergie calorifique.

De même la production de l'acétylène ne peut se produire que si l'on introduit dans le mélange un arc voltaïque.

De même encore certaines opérations métallurgiques
basées sur des réactions endothermiques peuvent être
produites en élevant la température des corps en présence.

Le système (acide carbonique + chaleur) ne peut donc
remonter de lui-même à son origine : il est plus stable que
le système charbon et oxygène qui lui a donné naissance,
non pas suivant l'équation où l'on ne tient compte que du
poids de matière en présence :

$$\text{Charbon} + \text{Oxygène} = \text{Acide carbonique}$$

mais suivant l'équation thermochimique.

$$\text{Charbon} + \text{Oxygène} = \text{Acide carbonique} + \text{Chaleur}$$

Il faut qu'il y ait dégradation d'énergie lumineuse en
énergie calorifique pour compenser la perte d'énergie calorifique dispersée, dissipée par les combustions respiratoires.

L'infériorité de la forme chaleur est encore bien nette
dans l'exemple suivant : JOULE prend un vase solide conte-
nant de l'air comprimé et le met en communication avec

un autre vase dans lequel le vide a été fait. Les deux vases sont plongés chacun dans un réservoir rempli d'eau : on ouvre brusquement le robinet de communication des deux récipients. L'air comprimé se précipite dans le vase vide et la pression devient égale dans les deux vases. Il y a un abaissement de température du vase d'où l'air est sorti. Cet air a dépensé une partie de son énergie en forçant le reste à passer dans le vase vide. Mais ce vase vide a augmenté de température précisément de la même quantité dont elle s'est abaissée dans le vase plein. Ce qui se montre encore en plaçant les deux vases dans le même réservoir d'eau. L'expérience montre que la température ne varie pas, donc ce que l'un a perdu l'autre l'a gagné rigoureusement.

Or, cet air comprimé dans le premier vase aurait pu être employé à produire un certain travail mécanique (machine à air comprimé), mais une fois qu'il est répandu dans les deux vases il n'en est plus capable. Cependant il n'y a plus aucune perte de chaleur, aucun travail n'a été produit, l'air s'est simplement dilaté et l'énergie utilisable qu'il possédait s'est dissipée et n'est plus utilisable.

Voici maintenant le point réellement important de l'expérience. Redonnons cette utilité à l'air en le transvasant à l'aide d'une pompe dans un seul des vases : quand on a vidé le deuxième récipient, il se trouve que cet air est échauffé et la quantité de chaleur qu'il possède est exactement équivalente au travail dépensé pour redonner à l'air, avec la pompe, son utilité dissipée en se dilatant dans la première partie de l'expérience.

En résumé : pour compenser la dissipation de l'énergie il a fallu transformer du travail mécanique en chaleur, on n'a point dépensé d'énergie, mais transformé une forme de l'énergie en une autre.

Conclusion : puisque de l'utilité avait été donnée à la masse d'air, c'est la forme d'énergie, travail mécanique, qui l'a perdue étant transformée en forme d'énergie calorifique, autrement dit la chaleur est moins utilisable que le travail mécanique.

Cette diminution d'utilité correspond à une augmentation de stabilité.

Donc le système qui dégage plus de chaleur qu'un autre est le plus stable et par conséquent le principe du travail maximum doit être réformé en disant que le système qui tend à se produire est celui qui aura la plus grande stabilité.

Enfin ce qu'il y a de plus impropre c'est l'emploi du mot chaleur qui veut dire ici nombre de calories.

En effet, cela suppose implicitement l'indestructibilité du calorique, et, de même que dans l'énoncé du principe de l'état initial et de l'état final, nous avons été obligés de changer le mot chaleur en celui d'énergie interne, de même ici serons-nous obligés de dire entropie au lieu de chaleur.

C'est ce que font remarquer G. Mouret et Duhem : ce qui correspond au mot ancien de chaleur ou calorique, c'est le mot nouveau d'entropie. Nous avons du reste insisté sur la nécessité de cette substitution.

Et par suite le principe du travail maximum doit être énoncé ainsi :

« Toute modification qui tend à se produire est celle qui produit le maximum d'augmentation d'entropie. »

Donc l'énergie tend à passer d'une forme (instable relativement) à une autre forme plus stable. C'est là le principe de la dissipation de l'énergie.

Immédiatement l'on voit que la forme anciennement appelée chaleur (ou son synonyme, entropie) est la forme dernière des transformations de l'énergie, la forme la moins utilisable de toutes.

Clausius disait dans le même sens : « on ne peut faire passer de la chaleur (entropie) d'un corps froid (qui a une faible entropie) sur un corps chaud (qui a davantage d'entropie. »

Cette tendance de l'entropie à augmenter constamment légitime bien la qualification de « facteur thermique de l'évolution » qui lui a été donné par G. Mouret.

« En fait, dit G. Mouret, toutes les fois qu'un changement a lieu, l'entropie totale du monde augmente toujours, car il n'y a point de phénomènes strictement réversibles. En effet, si partout, dans la nature, il y a entre les corps une absence d'équilibre, véritable moteur universel, sans lequel ni la vie ni les changements inorganiques ne seraient possibles, partout aussi il y a des frottements intérieurs, qui entravent le rétablissement de l'équilibre. La réversibilité, comme le mouvement uniforme, n'est qu'une conception théorique, tous les phénomènes sont irréversibles, tous sont accompagnés d'une augmentation de l'entropie totale, Clausius l'a déjà dit, l'entropie du monde tend constamment vers un maximum, et l'on peut ajouter, comme conséquence, que les énergies utilisables de forces motrices s'usent incessamment, qu'elles se transforment en chaleur et tendent vers zéro.

Augmentation de l'entropie, dissipation de l'énergie utilisable, voilà les deux faces d'un grand fait découvert par le génie de WILLIAM THOMSON, fait qui règle l'évolution des substances et des êtres ».

Cette vue d'ensemble permet d'apporter quelque précision dans nos conceptions hypothétiques sur l'origine et la fin du monde. Si comme le veulent toutes les cosmogonies, l'état initial du monde a été le chaos, c'est-à-dire une absence générale et universelle d'équilibre ; disons aussi une absence complète de chaleur, une entropie zéro. l'état final sera, à en juger par ce que nous connaissons, le rétablissement d'un équilibre général et universel marqué par la transformation des énergies potentielles chimiques et autres, en chaleur uniformément distribuée. Le monde existera encore mais il sera sans mouvement et sans vie.

De même que nous avons cherché à généraliser le principe de l'équivalence nous devons chercher à généraliser le principe de la dissipation de l'énergie, ou de l'augmentation de l'entropie.

Or nous avons dit d'une part que l'entropie était une grandeur polaire, c'est-à-dire douée d'un certain sens, par opposition à d'autres grandeurs qui peuvent indifféremment être positive ou négative et qui sont dites scalaires (HAMILTON), et que le principe de CARNOT-CLAUSIUS était un obstacle à l'admission des explications mécaniques comme hypothèse donnant la clé des phénomènes de notre univers.

D'autre part nous avons dit que les théories mécaniques
permettaient de donner indifféremment au Temps le signe
+ ou le signe — dans les formules, c'est-à-dire que ces
théories ne tiennent pas compte de ce que le temps est une
grandeur polaire : « La conséquence consistant dans la
suppression de l'avant et de l'après apparaît immédiatement, dit Lechalas, car un état de l'univers peut indifféremment être considéré comme la cause d'un autre ou comme
causé par celui-ci : il suffit dans les formules de changer
$[+ t]$ en $[- t]$ pour renverser l'ordre des phénomènes et
en l'absence d'une distinction étrangère à la mécanique
il n'y aura, semble-t-il, aucun moyen de considérer l'un
des ordres de succession comme plus vrai que l'autre. »

C'est pourquoi Ph. Breton concluait à la réversibilité
de l'univers dans le temps, comme nous l'avons dit déjà, et
G. Mouret adopte cette solution. « L'éternité, dit-il, serait
donc l'infini d'une série d'oscillations grandioses entre le
chaos et l'équilibre, entre le mouvement et la chaleur, l'infini d'un rythme à longue période, scandé par les abaissement et le relèvement de la chaleur, par le flux et le
reflux de la marée thermique immense dont l'entropie
mesure les insensibles progrès ».

Mais la théorie énergétique se passe de ces difficultés
et point n'est besoin pour elle de ces suppositions ingé-
nieuses pour mettre d'accord la réversibilité théorique et
l'irréversibilité pratique, elle adopte catégoriquement et
sans détour le mélange de chaos et d'équilibre que présente
notre univers.

Aussi nous croyons que la généralisation du principe de
Carnot-Clausius doit se faire en assimilant le Temps à

l'entropie, tout simplement. Et de même que l'assimilation de la masse et de l'espace à l'énergie s'accompagnent en quelque sorte du remplacement de ces deux notions par la dernière, de même désormais nous pensons que l'entropie remplacera le temps.

Cette conception du temps n'est du reste pas en opposition avec ce que les auteurs pensent sur la genèse de cette importante notion générale.

Tous sont d'accord pour admettre qu'il faut une succession de sensations discontinues (WUNDT, JAMES) ou continues (MACH, WAITZ, WARD, RIBOT, FOUILLÉE).

« Il est probable, dit MACH, que le sentiment du temps est lié à cette usure organique, nécessairement liée à la production de la conscience et que le temps que nous sentons est probablement dû au travail de l'attention. Pendant la veille, la fatigue de l'organe de la conscience croît incessamment et le travail de l'attention croît incessamment. Les impressions qui sont jointes à une plus grande quantité de travail attentionnel nous apparaissent comme les plus anciennes ».

La conception de signes temporels (WARD) analogues aux signes locaux de LOTZE s'explique facilement. Le signe temporel, mouvement de l'attention de $[1]$ à $[2]$ caractéristique de l'évolution $[1]—[2]$ est la variation d'entropie subie par le cerveau dans ce passage : le véritable synonyme du terme psychologique : « signe temporel », est le terme mathématique : « élément de transformation » qui fut donné au début des travaux sur le thermodynamique aux variations élémentaires de l'entropie.

Une conséquence de cette conclusion sera que s'il y a

des données où le temps intervient comme principal élément ou comme condition primordiale on pourra donner de ces données une conception thermodynamique, comme première approximation évidemment, en y traduisant temps par entropie.

Les mots évolution, progrès, mémoire, stabilité, tendances, ont donc une conception thermodynamique qui a pour base la notion d'entropie, ou tout au moins cette notion comme facteur principal.

De sorte que nous serons sur ce point d'un avis tout à fait opposé à celui de W. Broadbent, qui fut un des rares auteurs qui ait essayé d'introduire l'énergétique en physiologie cérébrale.

En effet après avoir appliqué le principe de la conservation de l'énergie (du reste sous cette forme bien imparfaite : la force nerveuse n'est qu'une variété de mouvement), il est amené à dire que l'on doit admettre dans les centres nerveux une seule masse à haute tension chimique, c'est-à-dire d'une structure moléculaire telle que les atomes groupés contrairement à leurs affinités naturelles tendent constamment à reprendre brusquement leur groupement normal aussitôt libres de leurs mouvements.

Et ensuite, fait au fond bien logique chez un auteur qui adopte des théories cinétiques et atomiques et par suite non évolutives, il ajoute : « cette haute tension n'a rien de commun avec l'instabilité, tendance perpétuelle à une désorganisation quelconque. »

Il est pourtant impossible de rejeter le principe de la dissipation de l'énergie si l'on admet, comme Broadbent, le principe de sa conservation.

C'est encore là un exemple de plus de l'impossibilité
d'accorder les théories atomo-mécaniques avec l'énergétique. Sans cela on est obligé de se mettre en opposition
avec la théorie qui, depuis LAMARCK et DARWIN, domine
toutes les sciences naturelles. Il n'y a pas de contradiction
entre ces sciences et les sciences physiques à condition que
l'on rejette les théories mécaniques contradictoires, on ne
saurait trop le répéter, avec le principe de CARNOT, ou
d'accroissement de l'entropie, facteur thermique de l'évolution.

Ainsi l'espace et le temps, les deux formes *à priori*
de notre sensibilité (KANT) devront être remplacés dans
l'avenir par les notions plus scientifiques d'énergie et
d'entropie.

Le dualisme des théories énergétiques n'est donc pas
le même que celui des théories mécaniques. Tandis que
celles-ci admettaient seulement quelque chose de constant
dans l'univers, ce quelque chose comportait deux éléments :
matière et force, l'énergétique admet un élément constant
et un élément variable.

Mais n'oublions pas que ce dualisme se réduit au fond
à un monisme dont le ressort peut être à volonté soit la
conception d'énergie, soit mieux peut-être celle d'entropie
qui indique en même temps une évolution plus ou moins
sensible vers un terme que l'on peut soupçonner dès au-
jourd'hui.

Quoi que nous ayions dit des théories de DESCARTES,
n'oublions pas qu'il avait tenté de rendre compte de l'univers avec deux éléments constants : l'un la forme ou ma-

tière et l'autre dont il avait essayé de donner une expression mathématique en le définissant la « quantité de mouvement, » c'est-à-dire le produit de la masse par la vitesse. Et il disait que ce produit (mv) était constant dans l'univers. Leibnitz montra que ce n'est pas (mv) qui est constant, mais en réalité [mv^2] : la masse multipliée, non pas par la première puissance de la vitesse mais par la seconde. C'est la force vive, qui, comme nous l'avons dit, fut l'origine de la notion actuelle d'énergie : et si les expressions mathématiques diffèrent, elles ont pourtant une analogie si frappante comme conception que l'on doit ne pas oublier le génie de Descartes qui le premier tenta de l'exprimer avec exactitude : mais ce n'était qu'une première approximation de la vérité.

« Que ne coûtent les premiers pas en tout genre ? dit d'Alembert à ce sujet, le mérite de les faire dispense de celui de les faire grands ».

TROISIÈME PARTIE

CHAPITRE PREMIER

LE SYSTÈME MUSCULAIRE ET L'ÉNERGÉTIQUE

Sommaire. — Plan de la troisième partie. — Introduction : la thermodynamique du muscle. — La chaleur et le mouvement proviennent des
réactions chimiques (Liebig). — Mayer appliquant à tort le principe de
l'équivalence crut que le travail est produit aux dépens de la chaleur. —
Expériences de Béclard, Chauveau, Laborde. — La chaleur étant un
terme dans les transformations de l'énergie (Carnot) il faut rejeter la
théorie du muscle-machine-thermique. — Ce qui n'entraîne pas que l'origine de la force chez les êtres vivants est extra-physique. — Au contraire, les conséquences de l'énergétique se vérifient rigoureusement —
La conception électro-capillaire du muscle.

Puisque le temps et l'espace qui sont les deux éléments
des phénomènes psychologiques peuvent être regardés
comme étant respectivemeut la première idée des notions
plus complètes et d'origine plus scientifique d'entropie et
d'énergie, la conclusion qui s'en dégage légitimement est
que les lois de l'énergétique s'appliquent au fonctionnement
de l'encéphale et du reste du système nerveux. Tel est, en
effet, ce que nous cherchons à prouver dans le présent
travail.

Mais cette preuve que les psychologues peuvent regarder comme directe et suffisante n'aura pas ces qualités pour les physiologistes. Pour ces derniers nous montrerons d'abord, en coordonnant les recherches récentes sur le muscle et le nerf, qu'une si étroite analogie unit ces deux organes que la physiologie générale du premier doit s'appliquer à celle du second. Or, il est maintenant bien démontré que le fonctionnement du muscle est du ressort du thermodynamique.

Nous espérons donner ensuite un argument physiologique expérimental et direct qui comblera la lacune que signalait Schiff dans la physiologie du système nerveux quand il disait : « La science ne possède pas un seul fait direct expérimental apte à indiquer que la transformation des impressions en perceptions actives est un phénomène soumis aux lois générales du mouvement. »

Enfin une étude spéciale de quelques phénomènes mentaux pathologiques (en particulier des états de dégénérescence) constituera une sorte de vérification *a posteriori* de notre conception.

*

Les relations entre l'énergétique et la physiologie datent du moment où l'on s'est préoccupé de l'origine de la forme de l'énergie désignée sous le nom de chaleur.

La chaleur fut d'abord confondue avec la vie, et cette opinion qui remonte aux religions de l'Inde se retrouve chez Hunter : pour lui : « la chaleur vitale n'est pas produite par des actes physiques ou chimiques, c'est un principe particulier, c'est une force vitale. »

Le premier auteur auquel on doive une idée nette et explicite sur l'origine de la chaleur animale est Mayow, qui attribue à l'esprit nitro-aérien (oxygène) la propriété de se combiner au sang. Ainsi naît la théorie chimique de la chaleur animale, théorie que devait ensuite démontrer définitivement Lavoisier en étudiant la fonction respiratoire.

L'endroit où se fait le dégagement de chaleur préoccupa ensuite les physiologistes, car Lavoisier passait pour croire que les combustions se faisaient dans les poumons. Mais Liebig, Matteuci montrèrent que la fibre musculaire, en se contractant, produit de l'acide carbonique. Puis Becquerel et Breschet, Helmholtz, Valentin, Heidenhaim démontrèrent que c'est le système musculaire, en se contractant, qui contribue le plus à la formation de la chaleur animale en même temps qu'il se passe des réactions chimiques importantes.

Quelles relations existent entre le travail mécanique, les réactions chimiques et la chaleur dégagée, telle est la question que nous devons examiner avec quelques détails.

Pour Liebig : « Quelque étroitement liés que puissent paraître à l'observateur les conditions du dégagement de chaleur et le développement d'effet mécanique, la chaleur ne peut en aucune façon être considérée comme source d'effet mécanique » ; alors la source d'énergie mécanique et d'énergie calorifique réside dans les phénomènes chimiques intra-musculaires. C'est-à-dire que pour Liebig on a la transformation :

Actions chimiques. $\left\{\begin{array}{l} \text{Chaleur.} \\ \text{Mouvement.} \end{array}\right.$

Contrairement à cette opinion, J.-R. Mayer soutint

que le travail mécanique provenait de la chaleur dégagée
par les réactions chimiques intra-musculaires, c'est-à-dire
que l'on a la suite des transformations :

Actions chimiques ⇄ Chaleur ⇄ Mouvement.

En effet, le principe de l'équivalence venait d'être découvert, et la transformation inverse du travail mécanique
en chaleur venait d'être presque démontrée pour les faits
physiques. Comme conséquence, le travail musculaire
devait s'accompagner d'absorption de chaleur, et HIRN
vérifia ce fait approximativement.

C'est à ce moment que BÉCLARD, probablement sans
connaître les travaux et les idées de MAYER, entreprit ses
expériences : mais la question prit dès lors un autre
aspect.

BÉCLARD trouva bien que entre les trois sortes de phénomènes : chimiques, mécaniques et calorifiques qu'il y a
une relation étroite dont l'expression a été donnée définitivement par M. BERTHELOT sous la forme du théorème
suivant :

« La chaleur développée par un être vivant pendant
une période de son existence accomplie sans le secours
d'aucune énergie étrangère à celle de ses aliments (eau et
oxygène compris) est égale à la chaleur produite par les
métamorphoses chimiques des principes immédiats de ses
tissus et de ses aliments, diminuée de la chaleur absorbée
par les travaux extérieurs effectués par cet être vivant. »
C'est-à-dire que la chaleur dégagée et le travail utile (et
seulement ce travail utile) sont complémentaires. En effet
BÉCLARD a trouvé que la contraction musculaire statique

c'est-à-dire celle d'un muscle soutenant un poids par exemple, développe toujours une quantité de chaleur supérieure à celle de la contraction musculaire dynamique, c'est-à-dire accompagnée d'effets mécaniques extérieurs, de travail utile, positif. De sorte qu'il n'y a pas forcément absorption de chaleur pendant qu'un muscle est contracté. C'est cependant ce qui semblait devoir se produire d'après le principe de l'équivalence de la chaleur et du travail, et les auteurs qui critiquèrent Béclard voulurent voir dans le refroidissement du muscle au début de sa contraction une vérification de leur conception du muscle-machino-thermique (Herzen, Heidenhaim, etc.).

Les conséquences du débat furent même inattendues. Il sembla que la théorie du muscle-machine-thermique était absolument liée à la conception moniste des forces de l'univers y compris la force vitale, et inversement que nier la transformation de la chaleur en travail musculaire revenait à adopter pour l'activité des êtres vivants une essence spéciale immatérielle et surnaturelle, ou tout au moins portait à ébranler chez certains esprits la conviction que la soi-disant force vitale n'était qu'une forme de l'énergie.

En effet, M. Chauveau montra avec Clausius; Helmholtz, etc., que la chaleur ne peut pas se transformer directement en travail musculaire et que le travail musculaire, comme le voulait Liebig, n'avait de commun avec la chaleur animale que son origine dans des réactions chimiques. Aussi pour M. Chauveau la chaleur, non seulement n'est pas l'intermédiaire entre l'énergie chimique et le travail musculaire, mais c'est le terme final de l'évolution de l'énergie. Ce qui n'est, on le voit, pas autre chose qu'énoncer le principe de la dégradation de l'énergie.

Du reste un calcul simple sur le rendement musculaire montre que la théorie du muscle-machine-thermique est une impossibilité ou plutôt elle est incompatible avec le deuxième principe de la thermo-dynamique.

Ce calcul est basé sur la formule qui exprime la valeur du rendement. Ce rendement, on le sait, est donné par le rapport du travail produit à la quantité de chaleur dépensée (Q).

Le travail produit est le même équivalent par la différence en quantité de chaleur dégagée par la source chaude (Q) et celle absorbée par la source froide (Q'), donc :

$$R = \frac{\mathfrak{E}}{Q} = \frac{Q - Q'}{Q}$$

Remplaçons Q et Q' par les températures absolues qui, comme l'on sait, caractérisent les sources en question, on aura :

$$R = \frac{T - T'}{T}$$

Or, le corps humain fonctionne entre des températures qui ne dépassent ni n'atteignent $37°$ et $45°$ au thermomètre à mercure et en température absolue qui sont :

$$37 + 273 = 310 \text{ et } 45 + 273 = 318$$

on a donc :

$$R = \frac{318 - 310}{318} = \frac{8}{318}$$

d'où, pour le rendement théorique :

$$R = 0.025.$$

Or, l'on sait, de par les expériences, que le rendement réel est environ : $\frac{1}{5}$ pour Helmholtz, $\frac{1}{3}$ à $\frac{1}{5}$ pour Fick, $\frac{1}{5}$ pour Hirn.

L'expérience est donc en contradiction absolue avec la théorie basée sur l'idée du muscle-machine-thermique et la science doit abandonner cette dernière conception.

* *

Nous croyons utile d'insister sur la nécessité d'abandonner l'hypothèse de Mayer, et pour cela nous allons rapporter quelques résultats obtenus par M. Chauveau et ses élèves.

Il s'agit ici d'appliquer le principe de Carnot et par conséquent d'étudier le rendement du muscle dans son fonctionnement.

M. Chauveau dit, par exemple : Le muscle qui soulève un poids travaille de moins en moins économiquement à mesure que le raccourcissement musculaire se prolonge davantage. Et encore : Un des meilleurs moyens de faire travailler un muscle économiquement c'est de le tenir, au moment du raccourcissement qui opère le travail, le plus près possible de sa longueur maxima (Pompilian).

Or, on sait que, d'après le principe de Carnot, la machine qui a le rendement le meilleur est celle dont les organes sont dans l'état le plus voisin de l'équilibre, de façon que le système soit réversible. Dans ce cas le travail accompli est voisin de zéro. Or, quand un muscle possède sa longueur maxima, les forces élastiques sont presque nulles puisque la rupture est sur le point de se produire et par conséquent les forces élastiques n'interviennent presque plus dans le soulèvement du poids. Elles ne peuvent donc accomplir qu'un travail voisin de zéro.

En somme on est obligé de revenir à la théorie de Liebig en la modifiant toutefois dans le sens de la théorie qu'il l'avait fait abandonner.

Le principe de Carnot s'applique donc à la physiologie du système musculaire et si les principes de l'énergétique ont paru ne pas pouvoir se généraliser à cette partie de la biologie, c'est uniquement parce que Mayer avait incomplètement compris le mécanisme de la transformation des différentes formes de l'énergie. C'est simplement l'interprétation du premier principe de la thermodynamique qui était incompatible avec la physiologie expérimentale et non pas la thermodynamique elle-même.

Les physiciens comme les physiologistes de l'École de M. Chauveau arrivent à la même conclusion de cet auteur : à savoir que la chaleur n'apparaît jamais que comme une fin dans la série des transformations de l'énergie : qu'elle affecte le caractère d'une excrétion.

Enfin les conclusions précédentes sur le rendement des muscles se trouvent d'accord avec une théorie de la contraction musculaire due à M. d'Arsonval.

D'Arsonval attribue la contraction musculaire aux variations de la tension superficielle des liquides, aux phénomènes capillaires et, partant de cette idée il a pu don-

ner une explication de la plupart des phénomènes consta-
tatés dans les muscles par les physiologistes.

Imbert a pu de même, se basant sur la même conception,
prévoir les lois expérimentales grâce auxquelles M. Chauveau a montré la variabilité du rendement du moteur animé
avec les circonstances suivant lesquelles ce rendement est
mesuré.

En un mot la conception de D'Arsonval concorde avec
les principes de la thermodynamique.

Remarquons que les phénomènes vaso-moteurs et circulatoires ont été définitivement mis hors de cause dans
le dégagement de chaleur dans le muscle, attendu qu'il se
produit dans un muscle mort depuis longtemps (Laborde,
Pompillian). Il en est d'ailleurs de même pour le cerveau.
Patrizzi a montré l'indépendance des variations du temps
de réaction avec les variations des troubles circulatoires
enregistrés par la méthode pléthysmographique.

CHAPITRE II

ANALOGIE DU SYSTÉME MUSCULAIRE ET DU SYSTÉME NERVEUX

Sommaire. — Analogie d'origine. — Analogie physiologique. — La contractilité. — La fibre musculaire et le neurone. — Autres exemples montrant l'analogie physiologique du muscle et du nerf.

Analogie physique. — La théorie électro-capillaire du nerf : Lippmann. D'Arsonval. De Buck. — L'énergétique paraît déjà pouvoir s'appliquer légitimement au fonctionnement du neurone.

Nous devons montrer que cette conclusion importante sur la physiologie musculaire s'applique rigoureusement à la physiologie nerveuse en nous appuyant d'abord sur l'analogie étroite qui relie les deux systèmes : musculaire et nerveux.

Cette analogie déjà notée par plusieurs auteurs (Richet, Frédéricq, etc.) existe d'abord au point de vue phylogénétique, c'est-à-dire qu'au point de vue de l'évolution progressive depuis le bas de l'échelle animale, le système nerveux forme un tout unique avec le système musculaire.

Ainsi chez certaines espèces d'hydres, la fibre musculaire se continue avec une cellule sensible de la surface externe du corps : dans d'autres espèces elle s'en sépare tout en y restant reliée anatomiquement et fonctionnellement par un mince filet de protoplasma qui sera la première ébauche du nerf moteur. La différenciation s'accentuant davantage, la cellule neuro-musculaire (Kleinenberg) donne naissance à trois cellules dont une intermédiaire qui continue à être reliée par un filet protoplasmique : d'un côté à la cellule musculaire, de l'autre à la cellule ectodermique, donnant ainsi une fibre intercentrale.

Enfin la cellule ectodermique s'éloigne de la surface du corps en y restant reliée par un filet protoplasmique qui représente le nerf sensitif ultérieur. Des trois corps cellulaires les deux premiers donnent : l'un le neurone sensitif, l'autre le neurone moteur et le dernier corps cellulaire devient une fibre musculaire ordinaire qui n'est qu'un neurone adapté à une fonction spéciale d'où lui viennent les caractères spéciaux seulement au point de vue histologique sans qu'au point de vue physiologique il n'ait cessé d'être un élément contractile, comme les neurones sensitifs moteurs.

Cette contractilité est en effet une chose qui paraît démontrée actuellement (Pugnat). Sous le titre d' « *Hypothèse sur la physiologie du système nerveux* », M. Duval a repris en effet la théorie de l'amœboïsme des arborisations terminales des neurones. Cette idée remonte à Walther (1868) qui observa des cerveaux de grenouilles pendant leur décongélation. Plus tard Popoff (1875) montra que les cellules nerveuses peuvent absorber des particules solides de matières colorantes : ce qui implique, dit-il, de la part du protoplasma, la possibilité de se contracter.

Cette opinion fut, il est vrai contestée depuis, par plusieurs auteurs, par exemple, Köllicker et surtout Ramon y Cajal.

Ce dernier, contrairement d'ailleurs aux récentes expérience de HECER, n'a jamais observé de variations dans la forme des dendrites des neurones, quoiqu'il ait examiné ces cellules sur des animaux morts de façons les plus variées.

Cependant, sur la névroglie, il a vu des changements de longueur des prolongements, changements qu'il n'hésite pas à rattacher à des états psychiques différents.

Ainsi dans le sommeil il y aurait relâchement (relajaçion) des prolongements névrogliques et dans l'activité cérébrale il y aurait au contraire contraction : ce qu'il oppose à tort, comme le fait remarquer J. SOURY, à la théorie de M. DUVAL puisque ce dernier auteur a eu en vue les cellules nerveuses elles-mêmes et non pas les cellules de névroglie.

Notons que la névroglie a la même origine ectodermique que les neurones et que les éléments nerveux, s'ils n'étaient contractiles, seraient bien différents des éléments musculaires et névrogliques avec lesquels ils ont tant d'analogies embryologiques et phylogénétiques.

L'origine de ces mouvements serait imputable aux échanges, combustions des assimilations du corps cellulaire et de son noyau de telle sorte que le sommeil des neurones serait comparable à l'état des leucocytes en asphyxie, l'arrivée de l'oxygène et le départ de l'acide carbonique réveillent ces leucocytes, c'est-à-dire, leur donnent le mouvement (MEYNERT).

L'idée de la mobilité des prolongements arborescents des éléments nerveux servit à R. LÉPINE pour expliquer la soudaineté des phénomènes hystériques : paralysie, anesthésie, sommeil naturel ou provoqué.

L'application au sommeil naturel fut développée et généralisée dans sa thèse par M. Pupin. D'après ces auteurs le sommeil serait l'état d'isolement par rétraction des prolongements terminaux des neurones et l'on aurait constaté ces mouvements dans le noyau, dans le nucléole du corps cellulaire et dans la distribution des granulations.

Du reste ce n'est pas la première fois que l'étude des conditions du sommeil montrait l'analogie de la fibre musculaire et de la cellule nerveuse, car H. Obersteiner avait déjà dit que le sommeil est le repos du cerveau comme l'absence de contraction est le repos du muscle : et il rapportait l'origine du sommeil à l'accumulation de produits qui n'étant pas éliminés, empêchent le fonctionnement de l'organe cérébral comme ils produisent la fatigue du muscle qui travaille.

Nous ne pouvons donner tout ce qui prouve l'analogie des deux sortes d'organes en question ; cependant nous citerons quelques autres exemples plus complexes où la ressemblance de la fibre musculaire et du neurone se retrouve encore.

Ainsi F. Gotch et J.-S. Macdonald ont trouvé récemment que les trois tissus nerf, muscle volontaire, muscle cardiaque, se comportent de même en présence des courants galvaniques de $\frac{1}{100}$ de seconde de durée dans les variations de l'excitabilité avec la température.

Enfin Broca et Richet trouvent que : de même que le cœur présente une phase réfractaire périodique pour laquelle il ne répond pas à l'excitation électrique, de même les centres nerveux présentent une inexcitabilité périodique qui est seulement d'une durée plus prolongée. De plus, qu'il s'agisse encore du cœur ou des centres nerveux le refroidissement de l'animal en expérience allonge la durée de la période réfractaire.

* *

On se souvient d'avoir vu plus haut que IMBERT en supposant le muscle constitué comme un corps à forte tension capillaire était arrivé à retrouver les mêmes lois du rendement de cet organe que celles qui avaient été trouvées en appliquant à son étude le principe de CARNOT.

Or, c'est justement la conception qui considère le fonctionnement du neurone comme se réduisant à des variations de tension électrique inséparables de variations de tension superficielle, qui explique les mouvements amiboïdes dont M. DUVAL s'est servi pour édifier sa théorie du sommeil.

Il est inutile de rappeler l'histologie du neurone, voyons quelle est sa physiologie, et, comme les nerfs périphériques sont constitués par un prolongement protoplasmique d'un neurone très allongé, la physiologie de ce neurone et du nerf proprement dit se confondent presque.

Des théories sans nombre ont cherché à expliquer les phénomènes intimes du fonctionnement du nerf, mais elles peuvent se répartir en deux groupes principaux.

Tandis que les unes ont admis la nature chimique de la transmission nerveuse (LIEBIG, RANKE, BECQUEREL, HERMANN, WUNDT), d'autres en ont admis exclusivement, la modalité physique et en particulier la modalité électrique.

Par exemple Hermann, en 1867, suppose que le cylindre-axe est formé par une substance d'une instabilité chimique excessive, explosive en un mot, qui se dégagerait sous l'influence de la plus légère excitation.

Mais une objection fondamentale qui n'avait pas échappé à Hermann peut être formulée contre cette théorie : c'est que dans une déflagration, toute l'énergie chimique se dégage en une fois et cependant le nerf, même après plusieurs transmissions fréquemment répétées, n'a perdu aucune de ses propriétés. En effet il est impossible de fatiguer un nerf ou de l'épuiser. Alors, comment concilier ce fait avec l'idée d'une consommation chimique de quelque importance, alors surtout qu'on expérimente sur des nerfs privés d'afflux sanguin ?

Une autre objection c'est que toute réaction chimique s'accompagne d'une variation thermique, or, la température du nerf ne varie que d'une façon extrêmement faible. Telle est du moins la conclusion de de Boeck dans la thèse duquel nous puisons l'exposé de la question.

Ainsi donc se trouve écartée l'hypothèse de Wundt qui supposait une reconstitution de produits instables.

Quant aux hypothèses physiques, ce sont les hypothèses physiques électriques qui ont été les plus controversées. Vulgairement on compare le nerf à un conducteur qui réunit deux stations électriques (par exemple Frédéricq). Cependant d'abord les vitesses de transmission sont entièrement différentes, et, quoique Beaunis ait prétendu que l'argument n'avait pas toute la portée qu'on lui donnait à cause de la grande résistance que les nerfs apportent au passage de l'électricité, on peut répondre qu'alors le nerf devrait s'échauffer beaucoup, ce qui n'est pas, on sait d'après Hermann que la résistance du nerf est douze millions de fois plus grande que celle du mercure.

Ensuite la ligature du nerf laisse passer le courant électrique et arrête l'excitation, donc ici encore on ne peut invoquer l'analogie avec un télégraphe électrique.

D'après l'hypothèse de Dubois-Reymond le nerf serait formé de molécules bipolaires plongées dans un milieu peu conducteur, molécules ayant un pôle négatif à chaque extrémité et une zone négative intermédiaire : malheureusement elle semble démontrer qu'au repos aucun courant électrique ne circule dans le nerf, et de plus François-Franck fait remarquer que cette conception est en contradiction avec les différences de potentiels qu'il a constatées entre les points asymétriques d'un même fragment de nerf, quoique on mette alors en communication des points où la force électro-motrice devrait être identique.

Il reste la théorie qui fait dépendre les phénomènes nerveux de la variation de la tension superficielle des éléments nerveux ou neurones ; c'est la théorie électro-capillaire.

Becquerel avait eu l'intuition de cette théorie, mais, comme on va le voir, il la rattachait à une origine chimique :

« Les faits exposés dans ce mémoire conduisent aux conséquences suivantes : Les courants musculaires nerveux, osseux, et autres que l'on observe dans les êtres vivants ou morts, lorsque les tissus forment des courants fermés, en mettant en communication l'intérieur avec la surface, soit avec un fil de métal soit avec un nerf isolé de tous les tissus adjacents, ont une origine chimique et ne proviennent nullement d'une organisation électrique des muscles et des nerfs : de sorte que l'on ne peut faire dépendre les fonctions musculaires et nerveuses de cette organisation. »

« Les courants électro-capillaires jouent le principal rôle dans ces mêmes fonctions ; ce sont les seuls courants dont l'existence soit bien constatée jusqu'ici : dans les corps vivants, ils sont produits partout où il y a deux liquides différents séparés par une membrane cellulaire. La vie diminuant, les cellules s'agrandissent, les liquides se mêlent, les courants électro-capillaires cessent, et la putréfaction commence : là s'arrêtent les recherches du physicien, car tout ce qui tient à l'excitation cérébrale transmise au système sensitif, qui réagit par une action réflexe sur les nerfs moteurs, ainsi qu'à l'action mécanique du cœur, dépend de la physiologie et non de la physique. » Et encore : « Les courants sont tels que la paroi intérieure des vaisseaux et des nerfs est le lieu des effets de réduction, et la paroi extérieure d'effets d'oxydation... ils agissent de telle sorte qu'il y a oxydation dans les parties de la substance grise au contact des deux substances et réduction dans les parties de la substance blanche près de ce même contact. »

Lippmann en 1875 montra que la déformation de la surface libre d'un liquide fait naître non seulement des phénomènes mécaniques et thermiques, mais aussi que l'énergie capillaire donne lieu à des variations de potentiel électrique, et inversement qu'une variation de potentiel électrique fait varier la surface d'un liquide.

D'Arsonval, s'inspirant de cette idée, construisit un nerf

artificiel qui présente quelques-unes des propriétés électriques du nerf.

« Je prends, dit-il, un tube de verre de 1 à 2 millimètres de diamètre intérieur, et le remplis avec des gouttes de mercure alternant avec des gouttes d'eau acidulée ; je forme ainsi un conducteur composé de cylindres alternativement formés de mercure et d'eau acidulée, constituant autant d'électromètres capillaires de Lippmann qu'il y a de cylindres mercuriels.

A plusieurs reprises, continue d'Arsonval, j'ai appelé l'attention, en physiologie, sur l'importance du phénomène de Lippmann ou variation de tension superficielle. C'est par lui que j'ai expliqué l'oscillation négative du muscle et la décharge des poissons électriques. L'expérience que je viens de rapporter va me permettre de faire rentrer l'oscillation négative du nerf dans la même explication. Le nerf n'est en effet, comme l'a montré M. Ranvier, qu'un conducteur composé de cellules placées bout à bout et composées, comme toute cellule, d'une partie irritable (le protoplasme) et de parties non irritables ou liquides, qui présentent des surfaces de séparation où peuvent naître des variations de tension superficielle, comme dans le tube que j'ai décrit ci-dessus. Cette irritation peut se propager de cellule en cellule et doit nécessairement s'accompagner d'une onde électrique ayant la même vitesse qu'elle dans toute la longueur du nerf ».

De même on s'explique aisément pourquoi une simple ligature ou l'écrasement d'un nerf, laissant intacte sa conductibilité électrique, abolissent néanmoins sa conductibilité nerveuse.

Mais d'Arsonval supposait le cylindre-axe continu comme il l'était en réalité (Ranvier) et son nerf artificiel était un cylindre-axe discontinu comme le voulait à tort Engelmann. C'est pourquoi de Boeck modifia le nerf artificiel de la façon suivante :

Le nerf schématique de d'Arsonval est formé de substances bonnes conductrices de l'électricité, du mercure, de l'eau acidulée. Or, rien ne permet de supposer que les disques successifs de matières albuminoïdes et graisseuses superposées dans le cylindre-axe présentent une conductibilité électrique comparable à celle du mercure et de l'eau acidulée.

De Boeck a donc cherché à modifier le nerf schématique de d'Arsonval en associant des corps mauvais conducteurs. Il se sert d'huile d'olive et d'un mélange d'alcool et d'eau ayant exactement la même densité que l'huile. Dans un tube de verre de 2 à 5 millimètres, on introduit des disques successifs d'huile et d'eau alcoolisée.

Des électrodes en communication avec un galvanomètre de Thompson plongent dans les extrémités du tube bien rempli et fermé des deux côtés par une membrane de gutta-percha. On y introduit un fil de plomb analogue à ceux dont il s'est servi pour construire son thermomètre électrique ; soigneusement isolé au point de vue électrique, le fil était relié au pont de Wheatstone et était destiné à déceler les variations de température qui auraient pu éventuellement se produire dans l'appareil schématique. L'ensemble du système est soigneusement entouré d'ouate, pour le mettre à l'abri des radiations calorifiques extérieures.

Chaque contact sur les membranes de gutta-percha détermine une variation électrique dans l'état du système, sans produire de modification de température, quelque faible qu'elle soit.

Voilà donc réalisé un mode de transmission schématique qui présente de nombreuses analogies avec celui que nous nous représentons dans le nerf normal :

1° Les substances qui composent ce nerf artificiel sont mauvaises conductrices ;

2° Le fonctionnement est d'ordre purement physique et ne s'accompagne ni de décomposition, ni de reconstitution de corps chimiques nouveaux :

3° Le nerf schématique est infatigable :

4° Toute interruption dans la continuité de la colonne liquide en arrête le fonctionnement : cette interruption correspond au fait de la ligature du nerf :

5° Ce système électro-capillaire présente des variations électriques analogues à celles du nerf vivant :

6° Il ne subit aucune variation appréciable de température pendant la transmission.

En résumé, les excitations normales se transmettent dans le nerf par modification de la tension superficielle des segments hétérogènes successifs qui le composent, et par variation corrélative de leur état électrique.

Et ainsi, comme le fait remarquer DE BŒCK, tandis qu'il était impossible d'admettre cette hypothèse aussi longtemps que l'on considérait le nerf comme un conducteur tendu depuis l'écorce cérébrale jusqu'à l'appareil terminal périphérique, sur le trajet duquel se trouvaient des stations médullaires ou bulbaires, retardant la transmission de l'excitation sans interrompre le conducteur, elle est rendue maintenant plausible non seulement à la suite des constatations faites par DEMOOR, mais plus encore depuis les travaux de GOLGI, de RAMON Y CAJAL, de VAN GEHU-CHTEN ; le système nerveux serait constitué par des séries d'éléments successifs formés chacun d'une cellule et de son prolongement unique ou de ses prolongements multiples, qui la mettent en relation avec les autres éléments par simple contact, sans continuité histologique.

La conclusion finale est facile à tirer : c'est que entre le nerf et le muscle il y a non seulement la même analogie d'origine, non seulement la même analogie de structure qui en découle, mais aussi la même analogie de fonctionnement lequel s'effectue suivant les lois générales de l'énergétique.

Il importe maintenant de parler des expériences directes faites sur la physiologie du système nerveux pour trouver ses conditions physiques véritables. Nous verrons que l'histoire en est ici encore semblable à celle des recherches analogues sur le système musculaire.

CHAPITRE III

L'ÉNERGÉTIQUE ET LE SYSTÈME NERVEUX

Sommaire. — L'excitation de l'énergie calorifique par le cerveau (Lombard, Schiff), objection de M. A. Gautier. — Réponse des physiologistes italiens (Herzen, Tanzi, Mosso, etc.). — Remarque de MM. Richet et Laborde. Il y a excrétion de chaleur comme de produits chimiques.
Objection particulière de Pouchet. — Sa réfutation.

Depuis que la nature physico-chimique des phénomènes psychiques a été affirmée par Lavoisier dans ces lignes bien connues : « on pourrait évaluer, dit-il, ce qu'il y a de mécanique dans le travail du philosophe qui réfléchit, dans l'homme de lettres qui écrit, du musicien qui compose... Ces efforts considérés comme purement moraux ont quelque chose de physique, de matériel qui permet, sous ce rapport, de les comparer à ce que fait l'homme de peine ». Depuis cette affirmation réitérée par Magendie, W. Edwards, J. Muller, Cl. Bernard, etc., les expériences sont venues qui malheureusement ont été mal comprises par suite d'une défectueuse interprétation du principe de l'équivalence de la chaleur et du travail.

Les premières données expérimentales, semblent remonter à 1866 et sont dues à Lombard. Ses résultats sont très remarquables, car il trouva en effet l'importance très grande de l'effort intellectuel dans la production du travail cérébral.

Ainsi l'effet le plus marqué fut produit d'abord pendant la composition, puis pendant les opérations d'arithmétique et enfin pendant des copies.

Si l'on est habitué à un genre de travail, le calcul par exemple, il faut, pour avoir une évaluation de température sensible que les calculs soient ou compliqués ou effectués avec une très grande rapidité, alors que ceux qui ne sont point habitués à exposer leurs idées par écrit peuvent au contraire présenter l'élévation de leur température cérébrale pour traiter un sujet simple.

Enfin il n'y a pas que la nature du travail intellectuel qui entre en jeu il faut aussi que la durée de ce travail soit notable pour que la température varie sensiblement.

Les seules objections qu'on puisse faire à LOMBARD ne portent pas sur ses conclusions mais plutôt sur son mode d'expérimentation (FRANÇOIS-FRANCK) (il concluait de la température de la peau du crâne à celle de l'encéphale), et surtout sur son explication car il attribuait les variations de température à des variations de vascularisations: or, SCHIFF montra bientôt qu'il n'en était rien comme le prouve une de ses conclusions :

Une impression sensible du tronc et des membres des extrémités produit de la chaleur dans le cerveau par le fait seul de sa transmission au centre nerveux et indépendamment de la circulation, ce qui est identique aux résultats de LABORDE au sujet du muscle.

BROCA, PAUL BERT, SEPPILLI et MARAGLIANO (1879) étaient arrivés au même résultat et aussi GLEY (1884),

Biancui avec Montefusco et Bifulco (1885). Tous avaient constaté l'élévation de la température épicrânienne sous l'influence des sensations, des émotions, du travail intellectuel.

Il faut noter cependant que Corso (1881) avait constaté un abaissement de température au début des expériences.

La signification de ces résultats avait été donnée dans toute sa généralité par un élève de Schiff, Herzen.

« Le processus conscient, dit-il, est la phase de transition d'une organisation cérébrale inférieure à une organisation cérébrale supérieure. »

En somme la moelle peut avoir une certaine conscience, ainsi que l'avait déjà dit Schiff dès 1858; ce qui veut dire que la moelle a, comme le cerveau, des phénomènes de désintégration fonctionnelle.

Buccola (1881) avait appliqué ces idées à la pathologie cérébrale : ainsi il avait remarqué que dans l'hypnose, la démence, l'obscurcissement de la conscience, la désintégration fonctionnelle diminuait dans l'écorce et se réduisait pour ainsi dire à zéro. Les malades sortant de la manie, du délire ne peuvent savoir s'ils ont eu ou non un songe.

Et en effet dans l'hypnose la répétition d'une même sensation produit une sorte d'habitude des centres nerveux et Schiff, Lombard, etc., avaient vu que l'habitude diminuait l'élévation de la température cérébrale.

Dans la démence il n'y a évidemment pas désintégration possible.

De même l'automatisme psychologique qui existe (Max Simon) dans le rêve comme dans le délire s'accompagne d'une désintégration presque nulle.

Il semble que déjà la pathologie mentale recevait une base d'explication rationnelle. Mais survint une discussion, excessivement intéressante du reste, sur la nature de la conscience, discussion qui ébranla les convictions pendant un instant, le temps de comprendre exactement la signification d'expériences qui avaient été le point de départ de généralisations si élevées et si hâtives.

En effet M. A. GAUTIER montra que l'on ne pouvait pas conclure à la conception de la pensée forme de l'énergie de ce que le travail intellectuel s'accompagnait d'un dégagement de chaleur.

En effet le travail se transformant en chaleur, inversement pour produire du travail, il faudrait dépenser de la chaleur et l'on retombe identiquement dans la même discussion que nous avons résumée en étudiant la thermo-dynamique du muscle, aussi la réponse sera-t-elle identique.

D'abord aux faits même objectés par M. A. GAUTIER on peut répondre avec Ch. RICHET que CORSO avait constaté en 1881 un abaissement de température précédant l'élévation finale.

Mais la véritable explication de l'erreur dans laquelle sont tombés et persistent encore les adversaires de l'unité des phénomènes physiologiques c'est d'avoir cru que le principe de l'équivalence impliquait que la transformation de la chaleur en travail était aussi facile que celle du travail en chaleur : or, le principe de CARNOT montre que cela n'est pas.

On doit considérer (LABORDE) le travail du cerveau comme accompli tantôt d'une façon statique, tantôt d'une façon dynamique aussi bien que le travail musculaire dans les expériences de Béclard.

Or, le vrai phénomène observé est celui-ci : le travail intellectuel statique, c'est-à-dire sans manifestation extérieure dégage moins de chaleur que le travail dynamique s'accomplissant de manifestations extérieures au système nerveux.

Aussi Tanzi et Mosso (1888) voient-ils se produire des alternatives d'élévation et d'abaissement de température pendant le travail cérébral.

Tanzi également conclut en 1889 qu'il y a équivalence et convertibilité réciproque entre l'énergie psychique et les autres formes de l'énergie, celle de chaleur en particulier.

Citons encore les travaux tout récents de MM. Binet et Henri (1898) qui sont d'accord avec les précédents.

L'importance de l'extériorisation est très grande et M. Laborde l'a bien fait ressortir dans les conclusions de son cours à l'École d'anthropologie.

Aux temps préhistoriques, dit-il, les hommes avaient une vie presque uniquement automatique au point de vue cérébral, mais ils avaient un développement musculaire extrême et presque toute leur énergie était extériorisée.

Aux temps historiques, au contraire, le système musculaire est plus dégénéré tandis que le système nerveux possède un développement beaucoup plus considérable en même temps que le travail intellectuel remplace le travail musculaire.

Pourquoi l'équivalence qui existait entre l'énergie reçue et l'énergie transformée au début de l'apparition de l'espèce humaine n'existerait-elle plus maintenant ?

Et alors cette équivalence qui est un fait bien démontré (nous y avons insisté suffisamment) doit avoir lieu pour le travail intellectuel qui a remplacé ce travail musculaire.

Tel est dans ses grandes lignes le raisonnement ingénieux de M. Laborde. C'est une conséquence directe des expériences de Béclard interprétées dans un sens conforme aux idées de Carnot.

Mais la conviction des adversaires de ces idées n'est pas entamée, et ils persistent à voir entre les phénomènes calorifiques et les phénomènes psychiques qui les accompagnent une simple relation de parallélisme sans aucune autre liaison.

Or, la chaleur pour Carnot est une excrétion et alors pourquoi ne pas admettre que la désintégration du système nerveux ne produirait-elle pas une excrétion de chaleur comme elle produit une excrétion de produits chimiques comme l'ont démontré les recherches de Byasson, Mairet, Thorion, Stcherback, etc., excrétions, qui dans les deux cas : produits chimiques et produits physiques (chaleur). augmenteraient sous l'influence du travail intellectuel ? De sorte que le tableau de Liebig :

$$\text{Actions chimiques.} \quad \left.\begin{array}{l} \to \text{Chaleur.} \\ \to \text{Mouvement.} \end{array}\right\}$$

peut être modifié de la façon suivante qui ne fait que le compliquer sans en altérer l'essence.

$$\text{Actions chimiques.} \left\{\begin{array}{l} \left.\begin{array}{l} \text{Produits chimiques.} \\ \text{Produits physiques (chaleur).} \end{array}\right. \\ \left.\begin{array}{l} \text{Travail musculaire} \\ \qquad \text{ou} \\ \text{Travail intellectuel.} \end{array}\right. \end{array}\right.$$

*
* *

Nous croyons avoir ainsi montré, une fois de plus après bien d'autres, il est vrai, que la pensée peut être regardée comme une forme de l'énergie, seulement nous nous sommes appuyés d'une façon explicite sur le principe de CARNOT ; car aux phénomènes qui sont les conditions inséparables de la pensée s'appliquent rigoureusement les deux principes de la thermodynamique : transformation des énergies les unes dans les autres avec dégradations successives vers la forme terminale de chaleur, augmentant ainsi de plus en plus l'entropie, la stabilité du système, siège de ces transformations.

Mais il importe avant de terminer ce chapitre de ne point passer sous silence un article de POUCHET intitulé : *Remarques anatomiques à l'occasion de la nature de la pensée*, article qui renferme une objection curieuse qui semble avoir échappé à la sagacité de MM. SOURY et GOLGI.

POUCHET remarque en substance que l'inconscient a plus d'importance que le conscient (pensée) dans les manifestations de la vie en général, et cela lui semble en faveur de l'opinion que soutient M. GAUTIER.

Or, nous comprenons cette phrase ainsi : la pensée n'est qu'une notion d'un travail chimique du cerveau (GAUTIER); comme les travaux chimiques dus à l'inconscient sont de beaucoup les plus importants, le travail chimique dû au conscient (en admettant qu'il existe) n'entre que pour une faible portion dans la mesure du travail chimique total et, alors, les variations dans le travail chimique qui appartiennent réellement au conscient peuvent être de la grandeur des erreurs d'expérience où l'on mesure le travail chimique total.

Et, par suite, on ne peut rien dire sur le rapport du travail chimique à la pensée avant d'avoir établi que le travail chimique dû au conscient est de grandeur comparable au travail chimique dû à l'inconscient et n'est pas un infiniment petit vis-à-vis de ce dernier.

La réponse à cet argument de forme mathématique ne sera pas mathématique mais anatomique. Après avoir montré la possibilité d'expliquer les phénomènes musculaires par la thermodynamique, nous avons montré que le neurone était l'objet de phénomènes relevant des mêmes lois que ceux dont la fibre musculaire est le siège.

Or, les phénomènes de l'inconscient de Pouchet se passent dans des neurones. Mais où se passent les phénomènes du conscient ? Dans des neurones aussi, la réponse n'est pas douteuse. Ce sont les neurones de la couche superficielle du cerveau, associant les panaches des cellules pyramidales, qui sont le siège des phénomènes les plus compliqués de la pensée. Or, ces neurones subissent-ils des variations thermiques qui puissent faire assimiler leur physiologie à celle de la fibre musculaire et des autres neurones du système cérébro-spinal ? Une réponse affirmative s'impose aussi, car ainsi que l'ont remarqué tous les expérimentateurs, depuis Lombard, c'est quand les associations d'idées sont le plus nombreuses que l'élévation de température cérébrale est la plus forte.

Donc, ce sont bien aux phénomènes de désintégration

qui se passent dans les neurones qu'est due une grande partie des phénomènes thermiques observés.

Et ainsi l'objection de Pouchet est réfutée directement : il n'en reste que l'ingéniosité de la forme : ce qui était à prévoir du reste.

Aussi allons-nous, avec Lambling, conclure que :

« L'application des lois physico-chimiques aux phénomènes biologiques est sans restriction. »

Dans les pages suivantes nous essaierons de montrer les relations qui relient entre elles : la loi de Carnot d'une part et la loi de Fechner d'autre part.

Nous espérons ainsi allier intimement les deux bases scientifiques, des sciences psycho-chimiques d'une part et des sciences psychologiques d'autre part ainsi que les deux notions qui y correspondent : l'entropie et la pensée.

CHAPITRE IV

L'ÉNERGÉTIQUE ET LE SYSTÈME NERVEUX *(suite)*.

Sommaire. — La durée des actes psychiques prouve la transformation de l'énergie cosmique en énergie électro-capillaire dans le neurone.

La loi de Weber-Fechner. — Les faits et les interprétations. — La véritable signification. — Les sensations augmentent successivement l'entropie des neurones, leur stabilité ou leur inertie progressive.

Durée et entropie dans les phénomènes psychiques. — Vérification nouvelle de l'analogie de ces deux notions.

Le moment est venu de donner des preuves plus directes de la légitimité de l'application des lois de l'énergétique à la physiologie du système nerveux central.

Nous allons, pour cela, étudier les conditions de la sensation et de la perception, phénomènes vraiment psychiques et d'un ordre plus élevé que le fonctionnement du muscle et du nerf, attendu que le cerveau y prend une part incontestable.

Nous diviserons ce chapitre en deux parties : dans la première nous exposerons succinctement à l'appui de la conception moniste et unitaire des forces physiques et vitale et en particulier nerveuse, d'abord l'argument tiré du fait de la durée des actes psychiques qui implique la conclusion suivante : tout processus qui demande un certain temps ne pouvant consister que dans la transformation d'une espèce d'énergie en une autre, l'activité psychique doit être elle aussi le résultat d'une transformation d'énergies.

Ensuite dans la seconde partie, nous chercherons la signification de la loi de Weber-Fechner, loi qui exprime les relations entre l'excitation et la sensation perçue.

Les premières observations sur la durée des phénomènes psychiques remontent aux recherches des astronomes sur le fait bien connu appelé « équation personnelle », c'est-à-dire sur le retard (qui diffère avec chaque individu) que l'on note entre l'heure du passage d'un astre au méridien et l'heure exacte de ce passage [Maskelyne (1795), Bessel (1828), Nicolaï. Treviranus (1830)].

Pour Nicolaï ce fait provient d'un conflit non instantané entre la conscience et l'organe des sens : mais Muller déclare ne pouvoir admettre cette interprétation, car il a observé que ce temps de réaction est infiniment petit et inappréciable.

En effet sur les grenouilles empoisonnées par la noix vomique, il dit qu'il lui a été impossible de remarquer le moindre intervalle de temps entre l'attouchement et la convulsion (1840).

Depuis lors. les nombreuses expériences de Hirsch, Wolff, Donders, Jaeger, Helmholtz, Schiff, Herzen, Buccola. Richet, Wundt, Exner, Beaunis. etc., etc., expériences dans le détail desquelles il serait trop long d'entrer, ont absolument démontré l'existence des temps de réaction (équation personnelle).

Ne retenons donc que ce fait incontestable et cherchons l'interprétation qui constitue la preuve directe, demandée par Schiff, de l'identité qui existe entre l'activité psychique et l'une des formes de l'énergie.

Voici en abrégé le raisonnement de Schiff :

L'intervalle de temps qui s'écoule entre l'impression sensitive et la réalisation de l'acte correspondant ne peut être inerte, inactif, c'est-à-dire ne peut servir qu'à établir une continuité entre la cause et l'effet, car la suspension de cette continuité pendant seulement un millionième de seconde serait équivalente à une suspension pendant l'éternité entière.

Or, un mouvement commencé doit se continuer, c'est ce que l'on observe toujours et toujours dans la nature, de sorte que la durée de l'acte psychique indique sûrement une modification d'un mouvement extérieur dans l'intérieur du substratum des actes psychiques, c'est-à-dire du système nerveux.

Nous dirions actuellement qu'il y a transformation d'une énergie extérieure entre une énergie intérieure et se manifestant ou non sous la forme d'énergie ou de travail musculaire.

Ces recherches de psycho-physiologie nous apprennent donc d'une façon indubitable que le temps est la condition par excellence des transformations des énergies extérieures d'abord en énergie nerveuse, énergie nerveuse que nous savons n'être au fond qu'une énergie électro-capillaire, enfin une énergie musculaire réductible également en énergie électro-capillaire.

La recherche de la signification de la loi de WEBER-FECHNER va nous permettre d'expliquer la nature de la force nerveuse en dehors de toute hypothèse métaphysique.

Il y a longtemps que l'on affirme que la forme nerveuse est un mouvement, mais au lieu de se baser sur de simples raisons d'analogie, très convaincantes déjà, il faut le reconnaître, entre le fonctionnement de la fibre musculaire et du neurone, ce sera l'expérimentation, le calcul et la mesure qui vont nous autoriser à être encore plus affirmatif que ne l'avaient permis les recherches mêmes sur l'existence et l'origine du temps de réaction.

Comme pour ces recherches, c'est dans des mémoires étrangers à la physiologie et à la psychologie que se trouvent consignés les premiers résultats sur les rapports de l'excitation et de la sensation (EULER, BERNOUILLI, LAPLACE, BOUVIER, ARAGO, POISSON, STEINHEIL, etc.).

Disons toute de suite en quoi consiste la loi de WEBER.

Les sensations croissent de quantités égales quand les excitations ou irritations croissent de quantités relativement égales.

Ou encore :

La plus petite différence perceptible entre deux excitations de même nature est toujours due à une différence réelle qui croît proportionnellement à ces excitations mêmes (WEBER).

Ainsi, soit par exemple une série de sensations croissant de la même quantité, de 1 pour plus de simplicité, cette série sera :

I. II. III. IV. V. VI. etc.

Alors, soit 3 l'accroissement que nous devons donner à l'excitation n° 1 pour avoir la sensation II, l'excitation correspondante sera 3.

Pour avoir la sensation III il faudra donner à l'excitation, d'après la loi de WEBER, un accroissement proportionnel à 3, c'est-à-dire 3 fois 3 = 9.

Ensuite, après avoir eu la sensation III pour avoir la sensation IV il faudra que l'irritation 9 (qui donne la sensation 3) subisse un accroissement proportionnel à 9, c'est-à-dire devienne 3 × 9 = 27, puisque 3 est la variation minima de l'accroissement des excitations.

Ce sera donc la progression 1, 3, 9. 27 des irritations qui produira la progression I, II. III, IV des sensations.

La première progression est dite géométrique et la seconde arithmétique ce qui a fait donner à la loi de WEBER la forme suivante :

Tandis que les sensations croissent suivant une progression arithmétique les excitations croissent suivant une progression géométrique.

Et comme la suite des nombres entiers est une progression arithmétique et la suite des logarithmes de ces nombres une progression géométrique. on a dit que :

La perceptibilité d'une sensation croît proportionnellement au logarithme de l'irritation (FECHNER).

Examinons maintenant les différentes critiques qui ont été adressées à la loi de WEBER-FECHNER dans son fond et dans sa forme.

Parmi toutes ces critiques adressées à la loi psychophysique par une foule d'auteurs [BERNSTEIN (1868). BRENTANO (1874). LANGER (1876). HELMHOLTZ. ALBERT. MACH,

Classen, Tannery (1875), etc., etc... et surtout Héring (1872-1875), Delboeuf], nous ne résumerons que les principales et qui ont pour objet :

1° Les difficultés mathématiques que soulève la loi ;

2° La modification ou l'abandon de la formule psycho-physique ;

3° Le désaccord partiel ou total entre les expériences et l'expression proposée.

Parmi les difficultés mathématiques signalées on a prétendu que la formule de Fechner impliquait l'existence de sensations négatives, sans remarquer que, de même qu'il ne paraît y avoir de température négative que parce que l'échelle de température a son zéro au milieu des indications utilisables et qu'il suffirait de prendre un nouveau point de départ à 273 degrés au-dessous du zéro actuel pour que toutes les températures devinssent positives (nomenclature dite en températures absolues), de même il ne paraît y avoir de sensations négatives que par suite d'une imperfection de la nomenclature employée.

Quant à la formule de la loi nous n'insisterons pas beaucoup sur les critiques qui la concernent, nous dirons seulement que c'est une formule très naturelle et que possèdent bien des lois physiques ordinaires qui n'en paraissent pas absurdes pour cela.

Par exemple, la loi de Mariotte : le travail de la pression nécessaire pour comprimer un gaz est proportionnel au logarithme du rapport du volume initial au volume final.

Ensuite, la loi qui exprime la diminution de la densité de l'atmosphère avec l'altitude, la loi de propagation de la chaleur le long d'une barre métallique, etc.

Enfin restent les négations plus ou moins partielles (HERING) des observations de FECHNER que beaucoup de recherches, au contraire, sont venues, il est vrai, confirmer.

Les expériences récentes de WALLER (qui a trouvé que ses recherches s'appliquaient au mode de réaction du nerf et du muscle à la fois) ont montré que suivant les conditions d'expériences on avait une courbe en forme d'S dont une partie s'accorde avec les expériences de FECHNER et l'autre avec celles de HERING ce qui prouve l'importance des conditions d'expérience pour légitimer on infirmer les critiques de la loi psycho-physique.

Du reste comme fait remarquer DELBOEUF on n'a besoin que de l'observation journalière pour se convaincre de ce fait que :

Pour qu'une excitation soit sentie elle doit être d'autant plus forte que l'excitation à laquelle elle s'ajoute est plus forte et inversement.

Ainsi quand il se fait du bruit autour de deux interlocuteurs ils élèvent la voix pour se faire entendre.

Quand le soleil se lève ,la lumière rend invisible la lune et les étoiles dont l'éclat n'a point varié.

D'autre part l'expérience a montré que l'augmentation indéfinie du nombre des exécutants dans les concerts vocaux ou instrumentaux ne produit pas sur notre oreille une intensité double.

Tout cela est bien d'accord avec le fait psycho-physique : que la variation dans l'excitation doit augmenter de plus en plus pour produire une variation appréciable dans la sensation.

Et, en somme, tout est là, et point n'est besoin de chercher des formules mathématiques faciles à trouver et qu'il suffit de compliquer pour qu'elles soient de plus en plus concordantes avec les résultats d'expérience. Ce simple résultat va nous suffire pour tenter une interprétation thermodynamique de la loi de Weber-Fechner et constituer ainsi une preuve directe de l'unité des énergies physique et psychique.

Voici l'interprétation de la loi de Fechner que nous proposons :

L'énergie d'une excitation, augmentant l'entropie ou la stabilité du neurone périphérique, rend le cerveau moins susceptible de se modifier sous l'influence d'une seconde excitation et par suite cette modification des neurones qui constitue la sensation doit, pour rester appréciable, être produite par des excitations de plus en plus intenses.

Ce n'est pas la notion vague de fatigue que nous invoquons : c'est la notion précise et scientifique de stabilité, d'entropie, qui, d'après nous, donne la clé des phénomènes d'où l'on a voulu tirer la loi psycho-physique.

Et inversement l'existence de la loi psycho-physique est la preuve expérimentale et directe que le principe de Carnot s'applique au fonctionnement des éléments du système nerveux, des neurones, et que la seconde loi de la thermo-dynamique (dégradation de l'énergie) régit le système nerveux comme on le savait pour la première (conservation de l'énergie) dès le moment où l'on eut constaté l'existence du temps de réaction.

Nous sommes donc parvenu au terme de notre tâche et nous pensons avoir établi définitivement que les lois de l'énergétique doivent désormais être prises comme point de départ dans l'étude de la physiologie du système nerveux jusque dans ses phénomènes les plus compliqués, sensation, perception, association, etc.

Transformation de l'énergie, augmentation de l'entropie, voilà en un mot les deux conditions de la pensée.

*

Une remarque importante avant de terminer ce chapitre : on se souvient que, généralisant les notions d'entropie et d'énergie, nous avions voulu y voir deux formes que devaient prendre les notions de temps et d'espace pour se préciser davantage.

Remarquons donc que les phénomènes psychiques exigent à la fois une variation de durée et une variation d'entropie.

Pourquoi ne pas fondre ces deux variations en une seule ? Est-ce que le principe de Carnot n'implique pas le principe de l'équivalence ? Et comme la notion d'équation personnelle prouve la transformation des énergies physiques en énergie psychique, de même la loi psycho-physique qui prouve l'augmentation d'entropie dans ces transformations doit impliquer la durée des phénomènes psychiques.

Conséquence :

Le temps et l'entropie sont deux notions si intimement unies que toute distinction entre elles apparaît comme artificielle et inutile.

Du reste, la variation parallèle du temps et de la chaleur dégagée vient encore à l'appui de cette idée, puisque, ainsi que nous l'avons vu, les physiciens avaient été conduits à considérer la notion de chaleur comme à peu près identique à la notion entropie.

Ainsi d'une part Ribot remarque que : « Les recherches psychométriques montrent chaque jour que l'état de conscience requiert un temps d'autant plus long qu'il est plus complexe et que, au contraire, les actes automatiques primitifs et acquis dont la rapidité est extrême n'entrent pas dans la conscience ».

D'autre part, on sait aussi que d'après Lombard, Schiff, Mosso, à mesure que les centres nerveux répètent un acte, cet acte devient de plus en plus facile et la chaleur dégagée devient de plus en plus faible, tandis que la conscience diminue jusqu'à disparaître.

Le temps et l'entropie (chaleur) ont donc bien dans les phénomènes psychiques des variations concomitantes, ce qui légitime la fusion que nous proposons.

Observons toutefois que les notions de temps et de chaleur ne sont pas absolument et rigoureusement identiques entre elles et à la notion entropie, et même qu'elles ne peuvent l'être puisque l'entropie est un moment de l'évolution de ces notions, évolution qui progresse par approximations successives vers une notion-limite encore inconnue.

La notion nouvelle diffère de la notion antérieure, d'abord par l'exclusion de certains phénomènes jusqu'ici non reconnus comme ayant une existence impossible. Une notion plus scientifique qu'une autre enlève donc de la pensée, chez les uns un doute, chez les autres une croyance

et fait ainsi disparaître ce qui n'est que mysticisme et igno-
rance.

C'est de cette façon que nous croyons que les nouvelles
notions énergétistes n'ont pas le caractère métaphysique
des notions employées en théorie mécanique de la chaleur.

Les notions de température et de calorie sont des données qui tombent presque immédiatement sous les sens, ce
sont des propriétés aussi sensibles que la couleur, la forme,
la rugosité, la densité : et c'est de ces deux notions, que
l'on divise l'une par l'autre, qu'est formée la notion d'entropie, tandis que toutes les explications des phénomènes
psychiques par un mouvement d'atomes, de molécules
tout ce qu'il y a de plus hypothétiques sont des explications
purement métaphysiques et n'ont pas le caractère expérimental, et presque d'observation immédiate, de l'explication énergétiste que nous proposons.

QUATRIÈME PARTIE

CONCEPTION THERMODYNAMIQUE DE QUELQUES SITUATIONS MENTALES

Sommaire. — Premières tentatives dont le principe de l'équivalence a seul été l'objet. — Réversibilité et renversabilité des phénomènes mentaux. — Hallucinations et mémoire.

Définition de la Dégénérescence. — La dissolution de l'hérédité et la constitution d'un type anormal. — Conception énergétiste du dégénéré : l'arrêt total ou partiel dans l'accroissement de l'entropie.

Psycho-physique des principaux délires des dégénérés, variation plus ou moins voisine de zéro dans l'accroissement d'entropie, soit dans l'évolution de l'individu (confusion, hallucinations) soit dans l'évolution de l'espèce (fausses interprétations). — L'anxiété, la dépression, l'excitation. etc., ne sont que des troubles affectifs secondaires.

L'homme de génie semble rompre l'hérédité, mais il reste normal, continuant d'augmenter l'entropie de l'espèce. — Là est la différence avec le dégénéré qui est caractérisé par un arrêt de l'augmentation de l'entropie de son espèce. — L'évolution générale des idées par thèse, antithèse, synthèse, crée une difficulté apparente dans le diagnostic.

Dans cette dernière partie de notre thèse nous aurons pour but, ainsi que nous l'avons annoncé, de chercher si les principes de thermo-dynamique ne s'appliquent plus seulement au fonctionnement d'un neurone isolé (nerf) ou même de quelques neurones (arc réflexe, temps de réaction, loi de Fechner), mais si l'ensemble des neurones qui composent la masse encéphalique et même le système nerveux en entier. possède un fonctionnement où se réalisent les conditions imposées par l'énergétique.

Si nous réussissons dans cet essai : il s'en suivra. logiquement, et inévitablement, qu'aucune conception métaphysique, que ni atomes, ni molécules en mouvement, ni fluide vital, ni force psychique, ne saurait avoir d'utilité dans l'étude des phénomènes mentaux et qu'elle ne pourrait y apporter que trouble et confusion.

Quelques tentatives ont été faites dans ce sens, mais elles se font surtout remarquer comme se cantonnant dans de grandes généralités et se bornant presque uniquement à parler d'un accroissement ou d'une diminution d'énergie, soit dans les neurones. soit dans l'encéphale ou le système nerveux pris dans son ensemble.

Nous avons déjà cité le travail de Pupin sur la nature histologique du sommeil, nous n'y reviendrons pas.

Bombarda ne cherche également qu'à expliquer les phénomènes du sommeil naturel et artificiel : dans le premier cas il y aurait relâchement, paralysie des prolongements des neurones. dans le second cas il y aurait au contraire contracture. tétanisation de ces mêmes prolongements.

Soukhanoff entre plus profondément dans le détail du fonctionnement des neurones. mais il se borne à parler d'accumulation, de défaut, de décharge d'énergie des neurones ce qui rend plus ou moins fréquents suivant les cas les vibrations et les contacts des dendrites des neurones.

Tous ces auteurs. en somme, ne tiennent compte que du principe de la conservation de l'énergie qui implique seulement que l'énergie nerveuse provient d'autres formes de l'énergie et qu'elle peut augmenter ou diminuer. Mais aucun ne cherche à appliquer le principe de CARNOT qui indique comment une variété d'énergie peut se transformer en une autre variété.

Seul à peu près BUCCOLA, comme nous l'avons vu, avait cherché à tenir compte du métabolisme (excrétions, désassimilation du système nerveux) dans l'explication de quelques phénomènes mentaux.

Nous allons donc indiquer comment l'on doit interpréter au point de vue énergétique les principaux symptômes observés dans les cas de délires et ainsi montrer quelle est la signification thermodynamique de ces symptômes. Aussi nous ne chercherons pas l'état de l'énergie cérébrale, mais comment on transforme cette énergie. En un mot, quelle est la variation d'entropie dans les principales classes de délires observés généralement.

« Quand je me souviens d'avoir joué au cerceau, dit GUYAU, l'image que j'évoque est présente, tout aussi présente que celle de ce papier sur lequel j'exprime en ce moment des idées abstraites. »

Pour que cette chose soit possible, il est absolument nécessaire d'abord que la sensation ait produit dans les centres nerveux une modification définitive.

Ensuite, il faut que cette modification puisse se refaire en sens inverse pour redonner l'illusion d'un phénomène actuel. Il est vrai, ainsi que le remarque GUYAU, que si l'on a conscience de sentir une seconde fois on sent d'une façon plus faible que la première.

RICHET caractérise la mémoire par ce fait qu'une excitation brève laisse un retentissement prolongé qui peut être tout à fait latent et qui peut être évoqué.

Comment peut-on dès lors concevoir la signification thermodynamique de la mémoire ?

Très simplement il nous semble : la stabilité du système nerveux étant augmentée après chaque excitation et cette stabilité ne pouvant pas diminuer puisqu'aucun phénomène réel ne peut amener une variation nulle de la stabilité acquise, il s'ensuit que cette excitation aura modifié d'une façon indélébile le système nerveux.

Quant à l'évocation d'une excitation déjà sentie, GUYAU le dit lui-même, la modification se reproduit en sens inverse. Donc les phénomènes qui modifient le système nerveux sont renversables et peuvent se reproduire en sens inverse.

Cependant la renversabilité n'est pas parfaite, c'est-à-dire qu'il n'y a pas réversibilité, ordinairement du moins. L'évocation est plus faible : cependant quand elle est parfaite, il y a réversibilité complète et les phénomènes se passent identiquement tels qu'ils se sont produits dans l'excitation primitive, il y a croyance à la réalité de la sensation, c'est-à-dire hallucination.

Donc si le système nerveux était très stable aucune excitation ne pourrait le modifier.

Comme il y a une stabilité moyenne il est modifié et le phénomène est renversable sans être réversible, ce qui arriverait si sa stabilité était presque nulle.

Remplaçons le mot stabilité par entropie, on voit que quand il se produit des hallucinations c'est que le système nerveux ou la partie du système nerveux en jeu ne subit que des modifications réversibles, que dans ses modifications l'entropie varie excessivement peu, tellement peu que l'excitation semble avoir lieu réellement.

On voit donc que c'est par suite d'un mauvais fonctionnement du système nerveux que les phénomènes qui s'y passent sont réversibles et que cela ne tient pas à la nature des excitations venant produire des modifications réversibles dans le système nerveux.

Lorsque nous avons parlé de la loi de Fechner, nous avons dit qu'il faut, pour qu'une excitation soit perçue différemment de la précédente, lui faire subir un accroissement proportionnel à cette dernière.

La grandeur relative de l'accroissement nécessaire mesure en quelque sorte la stabilité du neurone et doit augmenter si le neurone considéré fonctionne en dégradant davantage d'énergie, en accroissant d'entropie.

Eh bien, le système nerveux sera d'autant plus sensible aux manifestations extérieures à lui, qu'il subira des modifications presque équilibrées, c'est-à-dire ne produisant pas une grande augmentation d'entropie.

Comme dans tout autre système, on sait que l'entropie du système nerveux doit augmenter normalement et si cette entropie du système nerveux n'augmente que peu ou presque pas on aura un fonctionnement pathologique et le système nerveux considéré sera profondément anormal.

Nous pensons que là est l'explication thermodynamique de l'état de dégénérescence.

Qu'est-ce en effet que la dégénérescence ?

Si l'on se reporte aux définitions qui ont été données, on y voit que le dégénéré est un type nouveau, qui ne réalise que très incomplètement les conditions biologiques de la lutte héréditaire pour la vie (MAGNAN, MOREL).

La dégénérescence, dit M. FÉRÉ, est la dissolution de l'hérédité : l'hérédité normale, en effet, implique la perpétuation de l'espèce, l'adaptation aux conditions biologiques imposées par le milieu, etc.

Or, M. MAGNAN insiste beaucoup sur ce fait que le dégénéré n'est pas un produit par arrêt de développement, ni un produit atavique, que c'est un type nouveau. L'hérédité qui est la condition la plus nécessaire à l'espèce fait défaut chez lui.

C'est bien un type nouveau que le type du système nerveux qui ne fonctionne plus normalement, l'évolution a pour facteur thermique l'entropie, l'hérédité est la condition *sine quâ non* de l'évolution : donc, chez le dégénéré, l'entropie ne doit plus se produire que très insuffisamment dans son système nerveux.

A aucun moment le système nerveux n'a fonctionné d'une façon reversible (avec une variation nulle d'entropie). Le dégénéré ne peut donc, lui qui diffère tant d'un type régressif, n'avoir qu'un système nerveux fonctionnant d'une façon réversible ou peu s'en faut. Sinon, il subirait des modifications irréversibles, et alors ce serait un type normal, mais seulement en retard vis-à-vis de son milieu actuel, et il ne présenterait rien de pathologique.

Le dégénéré n'est donc pas à proprement parler instable, il manque de stabilité, il est trop équilibré avec le milieu et le subit d'une façon intense. Un système ins-

table dont l'équilibre serait modifié passerait à un état
stable, et là serait parfaitement normal, tandis qu'un système qui se tient en équilibre constant avec les forces extérieures est le jouet de toute variation, de toute fluctuation
de ces forces et répond bien à l'idée du dégénéré. Ni
stabilité, ni instabilité qui indiquerait la possibilité d'acquérir rapidement cette stabilité et de la conserver, mais
un manque de stabilité complet, telle est la caractéristique
de l'état de dégénérescence.

Il n'est donc pas désavantageux de ne pas subir le milieu ambiant, de n'être pas trop en équilibre avec lui.

Il faut posséder une certaine inertie cérébrale, qu'on
peut appeler pouvoir d'inhibition, pour pouvoir conserver
et continuer les caractères transmis héréditairement, et si
l'on dit d'une façon laconique que le dégénéré est un héréditaire, cela veut dire que son hérédité offre de grands
écarts avec l'hérédité normale. Le dégénéré est un héréditaire pathologique, et un individu ne doit pas être com-
paré à ses parents immédiats mais à ses ancêtres éloignés,
à la variété spéciale de l'espèce humaine à laquelle il ap-
partient, pour qu'on puisse le désigner avec raison sous le
nom de dégénéré : la dégénérescence peut se montrer plus
ou moins rapidement, elle peut apparaître dans un individu, dans une famille, dans un groupe d'individus, et
dans ce dernier cas la dissolution de l'hérédité normale se
fait peu à peu, tandis que l'hérédité pathologique peut être
semblable chez quelques membres du clan considéré.

Donc, en résumé, d'une part le dégénéré est un type
nouveau, d'autre part le type normal ayant un fonctionnement irréversible qui demande une augmentation cons-

tamment croissante de son entropie, le type nouveau ne peut ainsi fonctionner que d'une façon réversible, avec un accroissement à peu près nul de son entropie.

Telle est la conception thermodynamique de l'état de dégénérescence. Nous pensons l'avoir rendue suffisamment nette pour que nous essayions maintenant de donner une conception énergétiste des principaux syndromes et délires qui sont caractéristiques de la dégénéres- [...] mentale.

D'ores et déjà nous pouvons répondre à la question : comment s'opère la dégénérescence? Pourquoi dans ses transitions n'est-elle pas méthodique et uniforme? Pourquoi d'une génération à l'autre se produit-elle tantôt successivement, tantôt d'une manière instantanée (Saury)? Cela tient uniquement à la réversibilité des modifications que subit le système nerveux du dégénéré, le trop complet équilibre avec le milieu qui fait que la transformation de l'énergie extérieure en énergie intérieure se fait sans augmentation d'entropie, sans accroissement de stabilité.

Dans ses études sur la dégénérescence mentale M. Magnan divise les situations mentales des dégénérés en 3 groupes :

1° État de folie lucide, c'est-à-dire avec conservation de la conscience, à base d'obsessions, d'impulsions et d'inhibitions (folie du doute, délire émotif de Morel, etc.) ;

2° État de déséquilibration très avancée (manie raisonnante et persécutés-persécuteurs, folie morale) ;

3° États délirants aux formes et à l'évolution variées, parmi lesquels M. Magnan distingue deux formes principales, le délire polymorphe et le délire systématisé et que les auteurs allemands et quelques français (Seglas, Chaslin, etc.) désignent sous le nom de *paranoia* en y décrivant trois formes qui ont recueilli l'assentiment à peu près unanime des aliénistes.

Ces trois formes sont caractérisées chacune par la prédominance d'un symptôme qui est associé aux deux autres. Ces trois formes sont :

1° La confusion mentale (*Verwirtheit*) hallucinatoire chez laquelle la confusion est le symptôme principal :

2° En opposition avec cette forme, la folie systématique hallucinatoire (*Verrucktheit*) dans laquelle la systématisation d'idées est très nette. Le symptôme dominant consiste en des interprétations délirantes (*delusions* des auteurs anglais) ;

3° Le délire hallucinatoire (*Wahnsinn*), forme dans laquelle prédominent des hallucinations de presque tous les sens, avec une systématisation à peine ébauchée.

Suivant la nature de l'idée prédominante, ces délires auront des variétés : religieuse, érotique, hypocondriaque, ambitieuse, etc.

La forme du délire varie, mais le fond reste toujours un fond d'interprétations délirantes basées sur des illusions et des hallucinations.

Nous croyons que l'excitation maniaque et la dépression mélancolique ne constituent pas de forme à part dans la dégénérescence mentale et qu'elles se mêlent ou plutôt qu'elles accompagnent le délire.

En effet, les délires des dégénérés sont avant tout des altérations primitives de l'intelligence. Les troubles de l'affectivité sont secondaires : la tristesse, la colère, l'angoisse, etc., ne se produisent que quand un changement survient dans l'état du système nerveux du malade.

Dans le cas de mélancolie réputée typique ne trouve-t-on pas une interprétation délirante qui motive l'état dans lequel se trouve le malade. Il y a des mélancoliques parce qu'ils se rappellent avoir mal accompli leurs devoirs religieux, comme il y a des persécutés mélancoliques par suite d'hallucinations terrifiantes.

N'y a-t-il pas la catégorie des persécutés auto-accusateurs qui indique que la distinction entre un mélancolique et un persécuté n'est pas si profonde qu'on le dit et qu'on le croit couramment ?

Enfin, entre l'individu qui est convaincu d'avoir commis un crime sans pouvoir spécifier lequel, qui vit dans un état d'angoisse continuel, et le persécuté, qui se met en colère, devient impulsif et violent parce qu'il entend des hallucinations injurieuses et accusatrices, ne peut-on pas placer d'abord le scrupuleux simplement mélancolique et malheureux pour avoir oublié un mot dans une prière et ensuite l'auto-accusateur qui s'entendant appeler voleur cherche si ce n'est pas un vol que d'avoir convoité un habit dans un magasin de nouveautés et avouant sa convoitise comme un crime demande l'échafaud en expiation de son prétendu forfait ?

L'un quelconque de ces malades n'est-il pas susceptible de faire des tentatives de suicide, ce qui est peut-être le plus caractéristique et le moins indéniable des stigmates de dégénérescence ?

Que la réaction soit angoisse, tristesse, colère, joie,

vengeance, suicide, peu importe, elle ne peut servir à caractériser une forme mentale donnée. Un persécuté érotique a des alternatives de joie et de tristesse, de colère, suivant l'intensité de ses hallucinations génitales et on ne dira pas qu'il est atteint tantôt de manie, tantôt de mélancolie.

En somme, le contenu des troubles intellectuels (érotisme, religion, hypocondrie, etc.) et le contenu des troubles affectifs (tristesse, angoisse, joie, colère) ne caractérisent pas les malades dégénérés ; ce qui les caractérise c'est la facilité avec laquelle naissent et disparaissent les idées et les sentiments, c'est toujours le manque de stabilité que l'on note chez ces malades, c'est le fonctionnement anormal du cerveau, consistant en phénomènes réversibles, c'est-à-dire s'accompagnant d'une variation presque nulle de l'entropie.

Nous avons insisté suffisamment sur la nature de l'hallucination pour avoir la signification du délire hallucinatoire.

Dans la confusion mentale, la mémoire est également altérée d'une façon caractéristique, la seule différence avec le délire précédent c'est que ce sont surtout les phénomènes intellectuels et non pas seulement les phénomènes sensoriels qui sont au premier plan.

Dans le délire systématisé la réversibilité n'apparait pas nettement au premier abord : mais il faut remarquer que chez un malade les phénomènes réversibles ne sont pas individuels comme dans le délire sensoriel ou la confusion, et qu'ils sont plutôt en rapport avec l'évolution générale de l'espèce humaine.

En effet quelles sont les explications proposées pour l'origine de la fausse interprétation que présentent les délirants systématisés?

Trois théories ont été données et toutes trois n'ont que de bien légères différences entre elles.

Meynert en donne comme pathogénie un fond superstitieux, opinion à laquelle se rangent Marie et Séglas.

Et en effet la superstition a beaucoup de ressemblance avec la folie du doute et avec les phobies. Le délire systématisé d'autre part ne paraît être que l'exagération de l'idée fixe ; et même l'obsession a été désignée par beaucoup d'auteurs par le nom de (*paranoia rudimentaire*) pour insister sur la parenté des deux manières de délirer des dégénérés.

A côté de cette pathogénie, Semerie partage l'avis de Aug. Comte sur l'évolution de l'esprit humain en trois périodes : théologique, métaphysique et positiviste, et il remarque que dans les délires systématisés se retrouvent les modes d'interprétation des deux périodes antérieures au stade positiviste et scientifique de l'esprit humain actuel.

Enfin Tanzi émet une opinion assez analogue aux deux précédentes : la débilité mentale a fait disparaître du cerveau les nouvelles acquisitions et l'on ne retrouve plus que les anciennes.

Dans ces deux dernières opinions on ne retrouve pas la réversibilité à proprement parler. mais pourtant la renversabilité du fonctionnement habituel du système nerveux est nettement indiquée.

La première opinion est la meilleure à notre point de vue. En effet le syndrome de l'obsession se compose schématiquement d'une idée fixe avec conscience et anxiété suivie d'une impulsion, avec satisfaction consécutive. Que ce soit un douteur qui va enfin s'assurer de la fausseté de son appréhension, un phobique qui finit par conjurer sa persécution, un impulsif qui se décide à satisfaire son envie, tous ces malades ne diffèrent entre eux que par la prédominance de la conscience, de l'anxiété, de l'impulsion et tous recherchent la satisfaction par un acte dont ils ont conscience.

Or, l'explication thermodynamique en est facile à donner. Supposons les conditions de la réversibilité réalisée par les neurones du système nerveux : ces conditions de réversibilité sont celles de l'équilibre. On sait de plus, (principe de Maupertuis) que toutes les fois qu'on dérange un système en équilibre, on y fait naître une tendance à rétablir l'équilibre rompu de sens opposé à celui du dérangement.

Enfin, on sait aussi (Pauuman) que tout phénomène affectif est l'expression d'un trouble plus ou moins profond de l'organisme : alors n'est-il pas évident que le dérangement de l'équilibre des neurones va susciter une tendance à reprendre cet équilibre, ce qui rend compte de la lutte consciente du malade ? Ces phénomènes affectifs se joignent au trouble produit et les manifestations de l'anxiété se produisent.

Tout cela tient à la possibilité de réversibilité dans le fonctionnement du système nerveux : l'émotivité qui n'est qu'une trop grande sensibilité aux changements du milieu provient de l'impossibilité qu'a le dégénéré d'acquérir de l'entropie dans ses actes psychiques.

Tout l'état mental du dégénéré possède là l'explication de son origine, de ses manifestations variées en apparence, mais au fond, comme le montre la clinique, psychiquement comme physiquement les mêmes, car l'idée fixe n'est pas seulement l'élément des 1re et 2e classes des situations mentales du dégénéré ; elle est aussi l'élément psychologique de la manie raisonnante et de la folie des persécuteurs persécutés.

Une autre preuve encore que le dégénéré apparaît bien comme un être dont les manifestations s'accomplissent sans production sensible d'entropie : c'est que l'on en a donné comme caractéristique la facilité avec laquelle il passe de la sensation à l'acte, tellement il est automatique dans ses mouvements comme dans ses sensations ; « au maximum de l'automatisme, dit TAINE, l'hallucination est parfaite ».

Or, l'automatisme ne s'accompagne pas d'augmentation de stabilité, ainsi que nous y avons assez longuement insisté quand nous avons rapporté les expériences de LOMBARD, de SCHIFF, etc.

On a remarqué l'insistance que nous mettons à prétendre qu'il existe une relation très étroite entre le temps et l'entropie. SOLLIER avait noté dans la folie du doute l'importance du trouble de la mémoire et de la localisation dans le temps.

L'altération de la notion du temps a été notée par tous les auteurs dans les maladies mentales. Elle est beaucoup plus fréquente encore qu'on ne le dit. En la recherchant systématiquement on remarque toujours un trouble de la mémoire et dès le début de la maladie, le malade mélancolique trouve que l'horloge va trop vite, le persécuté que l'on a mis bien longtemps pour le conduire à l'Asile, qu'on a dû le faire passer dans des endroits malsains, etc., etc. D'ailleurs, à la période d'état on n'en est plus à compter les illusions du malade à ce sujet, non seulement l'acquisition de l'entropie est troublée, mais la notion du temps l'est aussi.

Donc, il semble exister un rapport intime entre ces deux notions et là encore notre opinion semble trouver un aliment de plus pour fortifier sa conviction.

* *

L'étude de la pathologie mentale a donc confirmé les indications que nous avions tirées de l'étude de la physiologie normale du système nerveux : les deux principes de l'énergétique peuvent donc recevoir une application en psychologie et doivent servir à interpréter les recherches jusqu'ici purement expérimentales de psycho-physique. Pourtant, avant de terminer, nous allons formuler une induction que nous permet le principe de Carnot sur la nature des différences qui peuvent exister entre la dégénérescence mentale et le génie.

Nous nous bornerons à donner une sorte de schéma de la formule de ces rapports. Ce qui caractérise le génie, c'est, de l'avis universel, la possession d'un développement organique dont la supériorité se manifeste par une nouveauté, une originalité telles, que l'homme de génie se trouve précéder de beaucoup les autres hommes dans l'évolution des idées. L'homme de génie semble avoir rompu comme le dégénéré les lois ordinaires de l'hérédité, mais ce n'est pas une raison pour confondre le génial et le dégénéré. Tandis que le génie réalise un type futur de l'homme, (Nordau) le dégénéré ne réalise pas même un type ancien comme on l'a cru à tort, puisque le dégénéré est essentiellement anormal et que le type ancien a été normal. Le génie est un type futur normal. Il a évolué plus vite que le commun des hommes, que la foule. Il a réalisé un transformateur d'énergies qui fonctionne avec une augmentation considérable d'entropie, tandis que le dégénéré fonctionne en conservant son entropie.

L'un est beaucoup trop stable vis-à-vis du reste de l'humanité, l'autre ne possède aucune tendance à la stabilité. Là est la différence. Elle paraît énorme et cependant il est bien difficile de distinguer le dégénéré du génial.

Pourquoi cela? La raison nous en paraît être la suivante :

Tout au début de ce travail nous avons indiqué que l'évolution de l'esprit humain pouvait se représenter par une série alternante de découvertes. d'idées dont les termes oscillaient alternativement dans deux directions opposées mais dont l'oscillation diminue graduellement d'amplitude pour converger peu à peu vers une limite actuellement inconnue quoique d'existence indubitable. C'est le procédé d'évolution par thèse, antithèse, synthèse énoncé par Hegel et qui rappelle le mot d'Héraclite : « tout s'écoule; le monde est le flambeau qui s'allume et s'éteint en mesure ».

Supposons donc qu'actuellement nous soutenons une

thèse sur un sujet quelconque, l'opinion ancienne sera l'antithèse de la thèse actuelle.

Alors un génie devançant l'évolution effectuera au sujet de l'opinion soutenue une synthèse qui se rapprochera de l'antithèse et il paraîtra faire reculer les idées, absolument comme le dégénéré donne illusion d'un retour atavique.

Tous les deux paraissent rétrograder et cependant il n'en est rien.

Si l'homme de génie est en avance de deux degrés sur l'époque actuelle il paraîtra partager un avis trop moyen, trop éclectique puisqu'il se rapproche davantage de la limite intermédiaire entre les opinions opposées. Aussi son originalité réelle sera tout au moins méconnue sinon confondue avec la banalité la plus vulgaire.

Telle paraît donc être la conception psycho-physique du dégénéré et de l'homme de génie. La différence de ces deux états mentaux ne devient donc nette, précise, claire que quand on examine la question à la lumière des principes fondamentaux de l'énergétique.

RÉSUMÉ ET CONCLUSIONS

I. — La thermodynamique est une partie de la physique expérimentale qui étudie les conditions de la transformation du travail mécanique en chaleur.

La première condition est qu'il y a équivalence entre la chaleur produite et le travail dépensé (principe de JOULE-MAYER).

La seconde est qu'il est plus facile de transformer du travail mécanique en chaleur que de la chaleur en travail (principe de CARNOT-CLAUSIUS).

II. — L'énergétique (RANKINE) a pour objet l'étude des phénomènes physiques à l'aide des résultats obtenus en généralisant les principes de la thermo-dynamique qui deviennent alors respectivement :

1° Le principe de la conservation de l'énergie. Les formes de l'énergie se changent les unes en les autres sans modifier la quantité d'énergie totale :

2° Le principe de la dégradation ou de la dissipation de l'énergie (ou principe de l'augmentation de l'entropie).

La chaleur est la plus stable de toutes les formes de l'énergie. Celles-ci ont une tendance à se transformer en chaleur qui apparaît aussi comme une sorte de produit d'excrétion du métabolisme mutuel des autres variétés de l'énergie.

Comme conséquence : tout phénomène possible s'accompagne d'une augmentation de l'entropie (irréversible).

On ne connaît pas de phénomènes s'accomplissant sans variation d'entropie (c'est-à-dire réversibles).

En un mot dans l'univers,

{ La quantité d'énergie reste constante.
{ La quantité d'entropie ne peut diminuer.

III. — Comme conclusion, dans la première partie de notre travail nous exprimions l'opinion que, puisque la conservation de l'énergie et l'augmentation de l'entropie sont les deux conditions des phénomènes physiques comme l'espace et le temps sont les deux conditions des phénomènes psychiques, on peut dès lors regarder l'espace et l'énergie d'une part, le temps et l'entropie d'autre part comme deux notions équivalentes à une condition :

C'est que, pour démontrer le bien fondé de cette opinion, il faudra prouver que les principes de l'énergétique s'appliquent aux phénomènes mentaux.

Ce qui fait l'objet de la deuxième partie de ce travail.

IV. — Les preuves dont nous donnons l'exposé sont de deux sortes :

1° des preuves indirectes :

a) La phylogénie montre une profonde analogie de constitution entre les systèmes musculaire et nerveux.

b) La physiologie de la fibre musculaire est presque identique à celle du neurone.

c) Une même conception mécanique rend compte des fonctions des deux organes : ce sont tous deux des systèmes électro-capillaires.

d) Enfin pour tous deux la chaleur est un produit d'excrétion, autrement dit tous deux dégradent l'énergie, augmentent l'entropie pendant leur fonctionnement.

V. — 2° Les preuves directes ont pour objet de montrer que, d'abord, non seulement le neurone transforme de l'énergie (étude du temps de réaction) mais aussi qu'il en dégrade, ainsi que le montre l'existence des faits désignés sous le nom de loi de WEBER-FECHNER.

Selon nous cette prétendue loi signifie tout simplement que toute excitation préalable du système nerveux a augmenté sa stabilité, son entropie, ce qui le rend moins sensible à une seconde excitation.

VI. — Enfin, dans une dernière partie de notre thèse, nous cherchons si les conclusions précédentes qui ne concernent que le système nerveux normal, se vérifieront quand il s'agit du système nerveux malade.

En nous bornant à l'étude des situations mentales des héréditaires dégénérés, voici ce que nous croyons avoir démontré :

1° Normalement la stabilité ou l'entropie tend à subir constamment un accroissement moyen chez l'individu et chez sa descendance (irréversibilité) ;

2° Quand cet accroissement devient presque nul (réversibilité), la stabilité du système nerveux est presque nulle et ainsi le dégénéré est caractérisé par une rupture, une dissolution des lois de l'hérédité et par un manque de stabilité mentale.

Cet état de réversibilité des phénomènes mentaux peut atteindre un individu en altérant :

a) Soit les acquisitions psychiques personnelles en apportant un trouble dans la mémoire :

α) Soit des sensations : *hallucinations*.
(Délire hallucinatoire.)

β) Soit des associations : *confusion*.
(Confusion mentale.)

b) Soit l'aptitude à acquérir les idées et les sensations : *interprétations délirantes*.
(Folie systématique.)

c) Enfin la possibilité de la réversibilité des phénomènes mentaux fait apparaître en plus des troubles affectifs,

Soit systématisés : obsessions.
Soit non sytématisés : manie, mélancolie, etc.

3° Quand au contraire, au lieu d'être nul ou moyen, l'accroissement de l'entropie est très grand, on a des états mentaux susceptibles d'acquérir une stabilité extrême ce qui caractérise l'homme de génie.

La difficulté de distinguer la génialité de la dégénérescence est seulement apparente et provient de ce que dans les deux cas il a rupture de l'hérédité, dont la conservation est l'apanage de la banalité.

Tel est, en résumé, l'essai de psycho-physique que nous avons entrepris en nous servant des notions purement expérimentales d'énergie et d'entropie aux lieu et place des notions métaphysiques empruntées soit à la psychologie pure, soit aux théories atomo-mécaniques.

BIBLIOGRAPHIE

CONCERNANT LA PREMIÈRE ET LA DEUXIÈME PARTIES.

D'ALEMBERT. Discours préliminaire sur l'Encyclopédie. Genève, 1777, p. 41.

AUTONNE. Un nouveau livre sur l'atomisme : La critique de M. Hannequin sur l'hypothèse des atomes. *Rev. gén. des sciences,* juillet 1896.

BERTHELOT. Sur la chaleur animale. *Gaz. méd.,* 1865.

— Sur les principes généraux de la thermochimie. *Annales de chimie et de physique,* 1875.

BERTHOLLET. Essais de statique chimique, 1803.

BOUTY. Cours de thermodynamique, 1891 (inédit).

BROADBENT. Brain origin. Brain, 1895 (été et automne).

BROCHARD. Sur les arguments de Zénon d'Élée. *Revue de métaphysique et de morale,* 1893.

CARNOT. Réflexion sur la puissance motrice du feu et les machines propres à la développer, 1824.

CLAUSIUS. Mémoires sur la théorie mécanique de la chaleur, traduction Folie.

COUTURAT. Réponse à M. Lechalas. *Revue de métaphysique et de morale,* 1893, n° 3.

DELBŒUF. Prolégomènes philosophiques sur la géométrie. Liège, 1860, et *Revue philosophique (passim).*

DUNAN. Théorie psychologique de l'espace, 1895.

DUHEM. Introduction à la mécanique chimique. Gand, 1893.

EVELLIN. Le mouvement et les partisans des indivisibles. *Revue de métaphysique et de morale,* 1893.

FÉRÉ. Sensation et mouvement. 1887.

FOUILLÉE. Évolutionnisme évolutionnaire des idées-forces, 1890.

GUYAU. Genèse de l'idée de temps, 1890.

HIRN. Nouvelle réfutation générale des théories cinétiques, 1886.

HŒCKEL. Le monisme, trad. de Lapouge, 1897.

KELVIN (Sir W. Thomson, lord). Popular lectures and addresses
(constitution de la matière).

LÉCHALAS. Les géométries non euclidiennes et le principe de si-
mililude. *Rev. métaph. et de morale*, 1893, n° 2.

— Élude sur l'espace et le temps, 1896.

— Sur les arguments de Zénon d'Elée. *R. de métaphysique et de morale*, 1893, n° 2.

LE CHATELIER. Sadi Carnot et la science de l'énergie. *Revue générale des sciences*, juillet 1892.

— Le troisième principe de l'énergétique. *C. R. Acad.
des sciences*, juin 1893.

LEDUC. La science de l'énergie et la médecine. *Gazette médicale
de Nantes*, novembre 1894.

MOURET. L'entropie, sa mesure, ses variations. *Revue générale
des sciences*, octobre et novembre 1895.

— Le facteur thermique de l'évolution. *Revue gén. des
sciences*, décembre 1895.

OSTWALD. La déroute de l'atomisme contemporain. *Revue gén.
des sciences*, novembre 1895.

POINCARRÉ. Cours de thermo-dynamique.

— Les idées de Hertz en mécanique. *Revue gén. des
sciences*, septembre 1897.

— Mécanisme et expérience. *Revue de métaphysique et
de morale*, 1893.

RIBOT. Psychologie allemande contemporaine, 1892.

— Évolution des idées générales, 1897.

ROBIN. L'évolution de la mécanique chimique et ses tendances
actuelles. *Revue gén. des sciences*, mars 1898.

STALLO. La matière et la physique moderne, 1891.

TAIT. Conférences sur quelques progrès de la physique, trad.
Krouchkoll, 1886.

WARD. Art. Psychology in *Encyclopedia britannica*.

WUNDT. Éléments de psychologie physiologique, 1886.

N. B. — Enfin les traités de thermodynamique de BLONDLOT,
BRIOT, HIRN, LIPPMANN, MOUTIER, VERDET, ZEUNER, etc.

BIBLIOGRAPHIE

CONCERNANT LA TROISIÈME ET LA QUATRIÈME PARTIES.

Ardigo. La science expérimentale de la pensée. *Revue scientifique*, avril 1889.

D'Arsonval. Sur les causes des courants électriques d'origine animale. *Société Biologie*, juin 1885.

— Sur un phénomène physique analogue à la conductibilité nerveuse. *Société de biologie*, avril 1886.

Beaunis. Nouveaux éléments de physiologie humaine, 3ᵉ éd., 1888.

Béclard.. Traité élémentaire de physiologie, 7ᵉ éd., 1884.

Becquerel. De la cause des courants musculaires, nerveux, osseux et autres. *C. R.*, janvier 1870.

— Mémoire sur la production des courants électro-capillaires dans le cerveau. *C. R.*, février 1870.

Cl. Bernard. Leçons sur le système nerveux, 1858.

Binet et Henri. La fatigue intellectuelle, 1898.

De Bœck. Contribution à l'étude de la physiologie du nerf. *Thèse*, Bruxelles, 1893.

Bombarda. Les neurones, l'hypnose, l'inhibition. *Revue neurologique*, juin 1897.

Byasson Essai sur la relation qui existe entre l'activité cérébrale et la composition des urines. *Thèse*, Paris, 1868.

Chaslin. De la confusion mentale primitive, 1895.

Chauveau. Du travail physiologique et de son équivalence. *Revue scientifique*, 1888.

— L'élasticité active du muscle et l'énergie consacrée à sa création. *C. R.*, juillet 1890.

— Le travail intellectuel et l'énergie qu'il représente, 1891.

— Rapports de la dépense énergétique du muscle avec le degré de raccourcissement qu'il affecte en travaillant. *C. R., Acad. sciences*, juillet 1896.

Dagonet. Nouvelles recherches sur les éléments nerveux, 1893.

Delbœuf. Éléments de psycho-physique générale et spéciale, 1883.
— Examen critique de la loi psychologique, 1883.
Demoor. Contribution à l'étude de la fibre nerveuse cérébro-spinale. *Institut Solvay*, Bruxelles, 1891.
Dumas. Les états intellectuels dans la mélancolie, 1895.
Duval. Hypothèse sur la physiologie des centres nerveux. *Soc. Biologie*, février 1895.
Féré. Dégénérescence et criminalité, 1888.
— La famille névropathique, 1894.
François-Franck. Physiologie des nerfs. *Dict. encyc. des sc. méd.*
Frédericq et Nuel. Éléments de physiologie humaine, 3e édit. Gand, 1894.
Gautier. L'origine de l'énergie chez les êtres vivants. *Revue scientifique*, décembre 1886.
— La pensée. *Revue scientif.*, janvier 1887.
— Les manifestations de la vie dérivent-elles toutes des forces naturelles ? *Rev. gén. des sciences*, avril 1897.
Gavarret. Les phénomènes physiques de la vie, 1869.
Van Gehuchten. Anatomie du système nerveux de l'homme. Louvain, 1897.
Gley. De l'influence du travail intellectuel sur la température générale. *Soc. Biologie*, avril 1884.
— Sur la question de la variation des urines pendant le travail cérébral. *Arch. de physiologie*, 1894.
Gotch et Macdonald. Température et excitability. *Journal of physiology*, XX.
Hack-Tuke. Le corps et l'esprit. Trad. Parant, 1886.
Heger. Préparations microscopiques du cerveau d'animaux endormis et éveillés. *Bull. Acad. méd. de Belgique*, nov. 1897.
Hermann. Éléments de physiologie, traduct. Onimus, 1869.
Herzen. Le cerveau et l'activité centrale au point de vue psycho-physiologique, 1887.
— L'activité musculaire et l'équivalence des forces. *Revue scientif.*, 1887.
— Sur le refroidissement du muscle actif. *Rev. scient.*, 1888.

Hirn. La thermo dynamique des êtres vivants. *Revue scientif.*, mai et juin 1887.

Imbert. Le mécanisme de la contraction musculaire déduit de la considération des forces de tension superficielle. *Arch. de physiologie*, 1897.

Keraval. Délires désignés sous le nom de Paranoia. *Arch. neur.*, 1894-1895.

Laborde. Des modifications de la température liée à la contraction musculaire. *Soc. Biologie*, juin 1886.

— L'échauffement du muscle en travail est indépendant de la circulation. *Soc. Biologie*, mai 1887.

— Cours de l'École d'anthropologie, 1897-1898 (Inédit).

Lambling. Des origines de la chaleur et de la force chez les êtres vivants. *Thèse*, agrégation, Paris, 1886.

Legrain. Les délires des dégénérés. *Thèse*, Paris, 1886.

Lépine. Théorie mécanique de la paralysie hystérique, du somnambulisme et du sommeil naturel. *Soc. Biol.*, fév. 1895.

Liebig. Traité de chimie, trad. Gerhardt, 1840-1844.

Lippmann. *Thèse*, doct. ès sciences, Paris, 1875.

Magendie. Leçons de physiologie, 1836.

Magnan et Legrain. Les dégénérés, 1895.

Mairet. De la nutrition du système nerveux. *Arch. de physiologie*, 1885.

Marie. Sur quelques symptômes des délires systématisés, 1892.

Matteuci. Cours d'électro-physiologie, 1868.

Max-Simon. Les maladies de l'esprit, 1892.

Mayer. Mémoire sur le mouvement organique, trad. Perard, 1872.

Mendelson et Muller-Lyer. Recherches cliniques de psycho-physique. *Arch. de neurologie*, 1887 et 1890.

Morel. Traité des dégénérescences de l'espèce humaine, 1857.

Mosso. La fatigue intellectuelle et physique (traduct. Langlois, 2e édit., 1896).

— Sur la température du cerveau. *Archiv. Itali. de biologie*, Milan, 1894.

Muller. Physiologie du système nerveux, trad. Jourdan, 1840.

Nordau. Psycho-physiologie du génie et du talent, 1897.

Obersteiner. Sur la théorie du sommeil. *Allg. Zeit. für Psychiatrie*, 1872.

Patrizzi. Le temps de réaction simple étudié dans ses rapports avec les courbes plethysmographiques cérébrales. *Rivista sperimentale di Frenatria*, 1897.

Paulhan. Physiologie de l'esprit, 4e édit.

— Les phénomènes affectifs, 1887.

Pompilian. La contraction musculaire et les transformations de l'énergie. *Thèse*, Paris, 1897.

Popoff. Sur les troubles cérébraux, etc. *Arch. de Virchow*, 1875.

Pouchet. Remarque anatomique à l'occasion de la nature de la pensée. *Revue scientifique*, février 1887.

Pugnat. Modifications histologiques des cellules à l'état de fatigue. *C. R.*, novembre 1897.

Pupin. Le neurone et les hypothèses histologiques sur son mode de fonctionnement. *Thèse*, Paris, 1896.

Ranvier. Traité technique d'histologie, 1889.

Ramon y Cajal. Les nouvelles idées sur la structure du système nerveux (trad. Azoulay, 1895).

Ribot. Psychologie allemande contemporaine, 4e édit., 1892.

— Les maladies de la personnalité, 1895.

— Hérédité psychologique, 1887.

Richet. Physiologie des nerfs et des muscles, 1882.

— Le travail psychique et la force chimique. *Revue scient.*, décembre 1886.

— La pensée et le travail chimique. *Rev. scient.*, janv. 1887.

— La chaleur animale, 1889.

— Essai de psychologie générale, 1889.

Richet et Broca. Période réfractaire dans les centres nerveux. *C. R.*, janvier 1897.

Saury. Étude clinique sur la folie héréditaire, 1886.

Schiff. Recherches sur l'échauffement des nerfs et des centres nerveux à la suite des irritations sensorielles et sensitives. *Arch. de physiologie*, 1869-70.

Séglas. Revue critique sur la Paranoia. *Arch. neur.*, 1887.

Semérie. Symptômes intellectuels de la folie. *Thèse*, Paris. 1867.

Sollier. Les troubles de la mémoire, 1892.

Soukhanoff. La théorie du neurone en rapport avec l'explication de quelques phénomènes psychiques. *Arch. de neurologie*, mai et juillet 1897.

Soury. Les fonctions du cerveau. *Arch. de neurol.*, 1890 et 1891.

Soury. La théorie des neurones. *Arch. de neurologie*, 1897.

Stcherback. Contribution à l'étude de l'influence de l'activité cérébrale sur les échanges d'acide phosphorique et d'azote. *Arch. de physiol.*, mai 1893.

Taine. De l'Intelligence, tome Ier, 7e édit., 1895.

Tanzi. Les oscillations de la température du cerveau, sous l'influence des émotions. *Centralblatt für Physiologie*, 1888.

Tapie. Travail et chaleur musculaire. *Thèse*, Agrég. Paris, 1886.

Thorion. Influence du travail intellectuel sur les variations de quelques éléments de l'urine. *Thèse*, Nancy, 1893.

Waller. Points relatifs à la loi de Weber-Fechner. Brain, 1895 (été et automne).

Wundt. Physique médicale, traduct. Monoyer, 1870.

— Éléments de psychologie physiologique, trad. Rouvier, 1886.

Nota. — En outre pour la 4e partie, nous nous sommes reportés aux ouvrages de pathologie mentale classiques en France et à l'étranger et surtout aux nombreuses publications de M. le Dr Magnan et aux si remarquables leçons cliniques encore en partie inédites de M. le Pr Joffroy.

CHARTRES. — IMPRIMERIE DURAND, RUE FULBERT.